천연식초로
100년 살기

질병과 죽음의 고통에서 자유롭고 싶은 분들께 이 책을 바칩니다.

노벨상 3회 수상이 입증하는 장수의 비결 식초

천연식초로
100년 살기

· 구관모 지음 ·

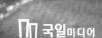

■

질병의 공포로부터
해방시키는 천연식초

현대의학은 병의 결과로 나타나는 증상만을 없애는 데 초점을 맞추다보니 질병의 근원이 되는 몸 상태를 도외시하는 경향이 있다. 병을 치료하기 위해선 병 자체만 보지 않고 병을 가진 사람의 몸 상태를 조화롭게 살펴야 한다. 그것이 질병 없이 100세까지 장수하는 첫걸음이다.

많고 많은 질병 중 오직 10%만이 외부에서 침투한 세균이 원인이 되어 일어나는 세균성 질병이다. 우리를 아프게 하는 질병의 90%를 차지하는 것은 신체의 생화학적 기능 이상으로 인한 대사성 질병이다. 그렇다면 대사성 질병의 원인은 무엇인가?

대사성 질병의 원인은 대사과정에서 생성되어 세포에 축적된 유독물질이다. 이것들은 자율신경에 교란을 일으키고, 심장의 전기신호를 함부로 보내며 세포를 암세포 등으로 변형시키는 주범이다. 또한 이것들로 인해 면역체계가 취약해져 세균성 질병에도 걸리게 되는 것이다. 결국 모든 질병의 근원은 '세포에 쌓이는 유독물질'이 한 가지로 압축된다.

그렇다면 체내 대사과정에서 생성된 유독물질은 어떻게 해독할 것인가? 장과 혈관을 모두 꺼내서 깨끗이 세탁하여 도로 집어넣을까? 아니면 젊고 싱싱한 피로 전부 교체해 버릴까? 전자는 완전히 불가능하겠지만, 후자는 실제로 시도를 하다 명을 재촉했던 왕조시대 지도자도 있었다. 결론은 둘 다 불가능하다는 이야기다.

어렵고 복잡한 것일수록 그 이치는 간단하기 마련이다. 대사과정에서 생성되는 몸 안의 독소는 굶고 생수를 마시면 스스로 빠진다. 자연이 만든 우리의 몸은 아주 똑똑해서 추가로 독소를 집어넣지만 않으면 오줌, 땀, 변 등 몸 밖으로 나오는 수분을 따라 독소를 배출하게끔 설계되어 있다.

이러한 우리 몸의 독소 배출 능력을 배가시키는 것이 바로 '천연식초'다. 생수에 천연식초를 한 숟가락 타서 마시면 독소 제거 효과가 배가 된다. 거기에 몸 안에 들어오는 독소 자체가 줄어들도록 먹을 것을 가리고, 몸 안의 순환이 잘 일어나도록 운동을 꾸준히 하면 우리의 신체와 세포가 아주 깨끗해진다.

그때부터는 온갖 질병으로부터 해방될 수 있으며 노화의 속도가 현저히 줄어들어 100살, 150살은 거뜬히 살 수 있게 된다. 진리란 것은 알고 나면 이렇게 허무하도록 간단한 것이다.

세계의 이름난 장수촌을 돌며 건강과 장수를 연구한 학자들의 일치된 견해는 저칼로리 곡채穀菜와 발효효소가 건강의 정답이라는 것이었다. 효소는 인체 내에서 많은 일을 한다. 간에서 활동하며 인체라는 대형 공장을 움직이기도 하고 대뇌 측두엽에서 활동하며 신경신호를 만드는 전력을 발생시키기도 한다.

이러한 효소가 신체 내에서 부족해지면 세포들은 활동을 멈춘다. 그러면 자신들이 만든 독소를 내보내지 않아 머금고 있게 되는 것이다. 실제로 암 환자의 체액을 분석하면 효소가 부족하고 활동이 원활하지 못한 것을 볼 수 있다.

이 책에서 소개할 현미로 만든 식초와 솔잎효소야말로 가장 성능이 뛰어난 발효효소라 할 수 있다. 한국의 전통식초는 고주苦酒라고 해서, 누룩과 쌀로 빚은 술이 늙어서 된 곡물초다. 즉 '천연 현미식초'다.

제대로 빚은 동동주와 막걸리에 뒷산의 솔잎 한 줌, 앞마당의 석류 한 알을 넣어 1년간 보관하면 조상의 혼백이 손짓하는 송엽松葉식초가 된다. 우리의 전통식초인 송엽식초는 누룩이 술이 되고 술이 초가 되는 과정에서 여덟 종류의 필수 아미노산과 초산, 구연산, 사과산, 주석산 등이 풍부하게 생성된 세계 최고의 식초다.

필자는 산골에서 책을 쓰는 문학가이다. 그 많은 건강 책 중에서

문인文人이 쓴 글은 드물다. 필자의 글은 비록 딱딱한 건강책이라도, 문학가의 주관적 감성이 묻어 있어 친근하고, 굳이 어렵게 해석할 필요도 없고 중요한 내용은 반복되고 결론지어지니, 그저 책장만 넘기면 만고불변의 건강 진리가, 가장 쉬운 글로 평생 잊지 않도록 머릿속에 차곡차곡 쌓이게 되어 있다.

어느 시인이 "인생엔 운명이 있고 그 운명엔 위로가 필요했다. 내게는 시였다. 시를 쓸 때 가장 즐거웠으니까."라고 했다. 필자는 풍찬노숙風餐露宿했던 상처가 깊어서 이 광야에서라도 외치지 않으면 못 견디기 때문에, 병마에서 벗어나는 법을 책으로 쓸 수밖에 없었다.

나는 이 책을 통해 30년 넘게 연구해서 얻은 천연식초로 100년을 사는 구체적인 실행법을 알리려고 한다.

발명특허를 획득한 현미 송엽식초, 현미 다슬기식초, 현미 오디식초, 초밀란과 현미 옻꿀식초, 초콩, 초마늘의 제조법을 공개했고 그 효능과 복용법을 기술해두었다.

또 그것을 바탕으로 건강하게 삶을 영위하는 방법까지 덧붙였으니 아무쪼록 이 글을 읽는 독자 제위가 부디 '천연식초로 100년 살기'를 적극 실천해서, 100세 이상 건강하게 장수하기를 바랄 뿐이다.

2022년 10월 저자 구관모

contents

1

천연식초와의 만남

●

01 죽음의 문턱을 넘기게 해준 천연식초

생명의 기회를 놓아버리는 오만함

어느 날 내 초밀란천연식초에 계란을 통째로 녹여 꿀과 함께 먹는 것을 먹고 효과를 본 어떤 이가 다시금 찾아왔다. 자기 장인이 당뇨합병증으로 백내장이 오고 다리도 잘라야 하는 형편인데 초밀란을 추천하는 자신의 말은 도무지 듣지를 않으니 내가 직접 설득을 해달라며 장인을 모시고 찾아온 것이다.

이렇게 말하면 당사자야 기분 나쁘겠지만, 사실 자연치유라는 것은 환자 자신이 생활습관을 고칠 때 천천히 발휘되는 것이다. 그러나 긴 세월 동안 습관적으로 혈압약, 당뇨병 치료제, 신경통 약을 복용해온 의심 많은 노인을 금방 낫게 할 방법은 없다. 그래도 부부가 간곡히 부탁을 해서 한 시간 동안 '원인을 차단하면 결과는 스스로 다스려진다.'는 이치와 독소 제거, 자연식, 운동법을 가르쳤다.

하지만 노인은 이미 속을 대로 속고 해볼 대로 다 해봤기 때문에 맑은 마음이 자리할 공간이 없는 것 같았다. 입가에 비웃음을 띠며 내 이야기를 듣고 있었고, 차로 대접한 초란을 시다고 찡그리며 밀쳤다. 그리고 초란을 가리키며 "천하에 있는 약을 다 써봤는데 이것 먹고 낫겠느냐?"라고 말했다.

장인을 데리고 온 사내는 같이 온 아내와 함께 내게 미안하다고 거듭 사과하면서 초란 한 병을 달라고 했다. 그러면서 사위가 "선생님, 지난번에 왔을 때는 양복 입고 계시더니 오늘은 아니네요."라고 하는 것이었다. 내가 보리 짚 모자 쓰고 일하는 초라한 행색이라, 자기 장인 눈에 더 우습게 보였을 것이라는 뜻이다.

나의 스승 안현필 선생님이 살아계실 때는 이런 일도 있었다. 선생님은 안양에서 경로당 2층을 빌려서 담요를 깔고 건강 강의를 하고 있었다. 그런데 모 재벌 총수가 선생의 가르침을 받으라는 아랫사람들의 권고로 왔다가 그 초라한 모습을 보고 돌아섰다고 한다. 그 오만의 결과는 죽음이었다.

이처럼 문명인이라 자부하는 오만한 인간은 대부분 타고난 천수를 다 누리지 못하고 질병으로 죽는다. 죽음에 대한 끝없는 공포, 생에 대한 미련과 후회, 아쉬움 앞에서 무지한 인간은 몸부림쳐봤자 아무 소용없다. 분명 그들의 눈앞에 천연식초라는 자연이 만들어놓은 생명의 기회가 있었음에도 불구하고 스스로 그것을 걷어차 버린 것이다.

해방 이듬해인 1946년, 경상도 촌구석에서 황해도 사리원 철산리까지 노무를 찾아 올라온 한 노동자의 집안에서 비쩍 마르고 볼품없는 사내아이가 태어났다. 그가 바로 나 구관모다. 어릴 때부터 나는 몸이 약했으나 어머니의 깊은 사랑으로 뼈저린 가난과 병고, 외로움을 이겨낼 수 있었다.

조그마한 전파상을 꾸리면서 소시민으로 살고 있던 나는, 단군 이래 최고의 호황이라는 70년대를 맞아 농촌에 새로 가설되는 전기공사와 가전제품의 보급에 힘입어 상당한 재산을 모으고 의기양양 했었으나, 얼마 안 가 경제가 혼란해져 문을 닫고 택시 운전을 하게 되었다.

택시 운전사는 한마디로 건강을 해치는 직업이었다. 자신의 생명을 싣고 달리니 늘 긴장하고 위험을 느끼며 생활했다. 도로에는 매연이 자욱하고, 에어컨도 없는 택시 안은 숨 막히는 무더위와 교통 체증, 매일 벌어지는 민주화 시위와 최루탄 가스 때문에, 나는 물론 승객들도 아예 짜증 덩어리로 만들었다. 게다가 뼈를 깎는 노동을 해도 치솟는 전세금을 해결하지 못해 생활고에 시달려야 했다.

힘들고 피곤해서 영양가 있는 음식을 먹는다는 것이 돼지고기, 닭고기 등의 공해 식품이었고, 어느 식당에 가도 흰 쌀밥에 흰 밀가루, 흰 소금, 달착지근한 설탕과 노리끼리한 조미료로 맛을 낸 음식들이 대부분이었다.

하루 종일 차 안에 있다 보니 운동이 부족해서 피가 돌지 않았고 신경은 늘 곤두서 있었으며 눈도 혹사당했다. 낮과 밤이 뒤바뀌어 생체 리듬은 엉망이 되었고, 장시간 중노동을 할 수밖에 없는 회사 사람들은 온통 위장병과 치질, 뇌졸중의 공포에 짓눌려 있었다.

원래도 건강하지 못했던 몸은 택시 운전을 한 지 10년 만에 만신창이가 되어버렸다. 극심한 피로에 밤낮없이 시달려 눈은 한 자나 들어가고 얼굴은 코뼈만 앙상하게 남았다. 흐르는 땀에 안경이 흘러내리고 입술은 하얗게 말랐다.

칼날같이 변한 신경을 무디게 하려고 술을 한잔 마시면 곧바로 설사로 이어졌고, 코끝만 서늘해도 감기가 찾아왔다. 그러다가 신경쇠약까지 생겼다.

몸은 핸들 앞에 앉아 있지만 생각은 흘러간 세월에 대한 부질없는 회상과 불안한 미래에 대한 걱정 속에서 헤매고 있었다. 새벽에는 쓰린 속을 달래려고 제산제를 비스킷 먹듯 했다.

이곳저곳 병원을 찾아다녀봐야 차도도 없고, 정신과에서 주는 약은 사람을 무기력하게 만들었다. 없는 살림에 수십 첩의 한약을 쓰고 뱀장어, 녹용 등 갖은 비방을 다 동원해봤으나 잦은 피로와 설사, 안구건조증, 신장염, 신장결석, 간염에는 아무런 효험도 없었다. 소변에는 계속 피가 섞여 나오고, 간경변증 때문에 황달이 생겨 눈동자까지 노랗게 변해버렸다.

인간은 병에 걸렸을 때 자신이 본질적으로 혼자이고 고독할 수밖에 없다는 사실을 깨닫게 된다. 죽음의 악몽 속에 시달리는 깊은 밤, 속을 태우다 잠든 아내의 피로한 얼굴과 새근새근 잠든 어린 자식의 숨소리는 나를 더욱 외롭게 했다.

삼위일체 건강법을 발견하다

그렇게 살려고 발버둥 치는 과정에서 천만다행으로 투병생활에 큰 변화를 맞이하게 되었다. 안현필 선생님이 만든 '삼위일체 장수법'을 만나게 된 것이다.

삼위일체 장수법은 진귀한 약재를 구해 먹으라는 것도 아니요, 기사회생 할 수 있는 영물을 잡아먹으라는 것도 아니었다. 삼위일체 장수법의 요체는 '원인을 차단하면 결과는 스스로 다스려진다.'는 것에 있었다. 즉 병을 고치기 위해서 다른 노력을 하는 게 아니라, 내 병의 원인이 된 노동의 중압감과 가공식품, 운동 부족을 해결하는 것이었다.

'백 번 묻는 것보다 한 번 보는 것이 낫고, 백 번 보는 것보다 한 번 깨닫는 것이 낫고, 백 번 깨닫는 것보다 한 번 실행하는 것이 낫다.'는 말이 있다. 나는 곧바로 매일 습관처럼 먹던 위장약과 신경안정제, 간염 치료제를 쓰레기통에 던져버렸다. 보약과 강장제도 끊었다. 그 대신 아침을 굶고 현미밥을 먹고 등산을 시작했다.

삼위일체 건강법에 따르면 내가 병든 것은 심호흡을 안 해서 폐가

3분의 1밖에 가동을 안 하기 때문에 산소 흡입과 가스 배출이 원만하지 못한 것이었다.

운동을 해서 땀을 흘리면 기관지, 폐장 속에 들어 있던 탄산가스와 간장, 신장에 쌓인 독소들이 배출된다. 또 혈액 순환이 잘되고 혈압과 당 수치도 정상으로 내려가며, 칼슘도 효율적으로 뼛속에 저장된다. 그래서 등산과 달리기가 건강에 좋은 것이다.

산에 오르니 하느님이 만드신 깨끗한 물, 공기, 햇빛이 세포 속에 스며들어 내 몸에 있는 하늘의 별보다도 더 많은 구멍_{눈으로 볼 수 있는 구멍은 말할 것도 없고, 눈으로 볼 수 없는 땀구멍, 세포 구멍까지}을 통해서 나쁜 가스는 나가고 좋은 산소가 들어오는 것이 느껴졌다. 60조나 되는 세포들을 춤추게 하는 것이었다.

나는 숲으로 가서 숨을 가쁘게 해 폐활량을 늘리기로 결심했다. 처음에는 정상을 정복한다고 팔공산, 가야산, 월출산, 소백산 등을 기를 쓰고 올라갔다. 뒤로는 점차 나의 몸에 맞는 운동을 연구했다. 나의 경우에는 매일 가벼운 운동을 하고, 2~3일에 한 번 세 시간 미만으로 산행을 하는 것이 적당했다.

또 등산과 함께 자연식을 시작했다. 현미와 검은콩_{서리태}, 보리쌀을 넣어 현미 잡곡밥을 지어먹었다. 그리고 멸치, 미역, 깨, 팥, 녹두, 마늘, 생강을 자주 먹었다.

우리콩과 천일염으로 제대로 만든 전통 된장에 청국장, 콩가루,

깻가루, 멸치가루, 마늘, 생강 다진 것과 고추장을 섞어서 거기에 미역, 무, 당근, 시금치, 상추, 배추, 쑥갓, 들깻잎, 미나리, 부추, 풋고추 등의 생채소를 가리지 않고 찍어먹기도 했다.

자연식을 하면서 텃밭을 가꾸고 콩나물을 키웠다. 또 생채와 과일, 해산물을 많이 먹었다. 생채, 과일은 비타민이 풍부하고 미역, 멸치, 새우, 김 등의 해산물에는 미네랄이 함유되어 있어서 좋았다.

식사한 다음에는 반드시 과일을 먹었고, 해삼과 토종 유정란, 민물 다슬기 등 에너지를 넘치게 하고 시력에 도움이 되는 음식을 섭취했다.

천연식초를 통한 기적 체험

그렇게 삼위일체 건강법의 일부로서 식초도 마시기 시작했다. 나는 누룩과 현미로 직접 술을 빚어 이를 발효시켜 천연 현미식초를 만들었다.

그 식초에 토종 유정란을 껍질째 녹여 초란醋卵을 만들었고, 벌꿀과 생화분꽃가루을 타서 초밀란醋蜜卵을 만들어 마셨다. 계란의 껍질이 식초의 초산 성분에 녹아있는 초란에는, 칼슘이 가장 흡수가 잘되고 질이 좋은 상태인 초산칼슘이 가득했다. 거기에 효소, 비타민, 미네랄, 호르몬을 동시에 다스리는 꿀과 만나 초밀란이 되니, 이것은 외롭고 허기지고 병든 내 인생을 역전시킨 신의 축복이었다.

이밖에도 솔순송순. 소나무 싹, 배, 살구, 생강, 도라지, 더덕, 인삼을 꿀에 절여 발효시킨 솔잎효소를 만들었고 이것을 물이나 초밀란에 타서 마시는 일도 거르지 않았다.

100일이 지난 후 내 몸에 놀라운 변화가 일어났다. 간세포가 손상된 정도를 측정하는 간 효소 수치가 정상으로 돌아와서 생명을 위협하던 간경변증의 공포에서 해방되었다.

바짝 말라 허옇게 된 입술이 촉촉해지고 붉은색으로 돌아왔으며, 시력이 좋아져 안경을 벗어던졌다. 눈의 피로가 없어지니 난시나 안구건조증도 씻은 듯이 없어졌다.

불면증도 사라지고 신경쇠약이 치료되었다. 피로가 없어지고 기분이 상쾌하니 힘이 솟아나기 시작했다. 잠을 짧게 자도 피곤하지 않아서 새벽에 일어나 책을 쓰기 시작했다.

감기라는 놈은 천 리 밖으로 도망간 지 오래고, 과민성대장 증후군에 좋다는 유산균제니 뭐니 하는 것은 이제 전혀 필요가 없어졌다. 변을 보면 화장실에서 고소한 냄새가 나는 지경이 되었다.

신체의 모든 기관에 피가 잘 돌지 않아 몸이 약해졌는데 활력제만 먹는다고 활력이 생기겠는가? 잉여 영양분은 암세포가 먹고 살 따름이다. 스승 한 분을 잘 만나서 가장 낮은 곳에서 죽음의 문턱에 신음하던 나는 높은 곳에 우뚝 선 건강체가 되었다.

02 불세출의 건강 명인 안현필

나의 스승 안현필의 일생

'인생에서 크나큰 도약은 스승을 만남에 있다.'고 한다. 안현필 선생은 나에게 그런 스승이다. 안현필 선생을 만나면서 나는 건강을 되찾고 병으로 고통받는 많은 사람들에게 도움도 주게 되었다.

안현필 선생1913-1999

열세 살 때부터 일본 동경에서 신문 배달을 하며 고학을 했던 안현필 선생. 그의 선조는 제주도로 귀양 온 학자라 세상을 비관하여 술로 세월을 보냈기 때문에 자손들이 모두 건강하지 못했다.

안현필 선생 위로 두 아들을 폐결핵으로 잃은 그의 아버지는, 형보다 더 몸이 약한 그를 살리기 위해 그에게 학교를 그만두고 집에서 체력이나 단련해 농사를 지으라고 강권했다.

일등을 도맡아 하던 그는 울면서 학교에 보내달라고 애원했으나 아버지의 결심은 확고했다. 그래서 어머니께 여비만 구해주면 일본에서 공부를 해보겠노라고 간청하여 아버지 몰래 일본에 건너갔다.

어릴 때부터 어찌나 몸이 약했던지 어딜 가나 그는 제일 말라깽이였고 감기를 달고 살았다. 열여덟 살 때는 그도 위의 두 형처럼 폐결핵에 걸려 피를 토했으나 병 고칠 돈이 없어 그야말로 죽을 운명이었다.

그 시절에는 걸렸다 하면 죽는 것이 폐결핵이었다. 그러나 목숨을 부지하기 위해 그는 계속 신문 배달을 해야 했는데, 피가 배어 나오는 것을 감추기 위해 검은 마스크를 하고 다녔다. 그러나 폐결핵에 걸려 각혈하는 것을 본 신문지국 사람들은 그를 외면했다. 이역만리에서 그나마 숙식을 해결하던 신문지국에서 쫓겨나게 된 그는 갈 곳이 없어졌다.

그는 죽더라도 고향 산천이 보이는 곳에서 죽고 싶어, 인적 없는 바닷가 외딴 동굴에서 거적을 치고 혼자 살았다. 이 시기에 그는 자연식에 관한 책을 구해서 읽게 되었다고 한다. 그리고 그곳에서 생현미와 볶은 콩, 볶은 깨를 먹고, 낚시를 해서 생선회도 해먹고, 마늘을 구해서 찌개도 만들어 먹었다.

작열하는 태양과 맑은 공기, 바위 밑으로 졸졸 흘러내리는 자연수를 접하면서 신기하게도 각혈이 멈췄고 운동을 할 수 있게 되었으며, 마침내는 건강을 회복해서 기적적으로 다시 살 수 있었다. 위의 두 형은 모두 일본에서 공부하다가 폐결핵에 걸려 동경제국대학 병원에서 죽고 말았는데, 그는 살아남은 것이다.

그는 그 이유를 이렇게 밝혔다. "나는 돈이 없어서 약과 병원 신세를 지지 않았기 때문에 살아남았다. 즉 자연에 순응했기 때문에 살아난 것이다. 인간은 자연의 일부분이라 자연과 멀어질수록 질병에 가까워진다. 인류의 두뇌를 모두 다 동원해도 한 컵의 자연수를 만들지 못한다. 이것이 인간의 한계이다."

건강을 회복한 그는 일본 아오야마가쿠인 대학靑山學院大學 영문과를 수석으로 졸업했다. 그 뒤 한국인으로는 처음으로 일본 고등학교에서 담임을 하다 귀국해서 한국외국어대학교와 서울대학교에서 영어 강사를 하며 장안 제일의 명성을 얻었다. 또 그가 지은 영어 참고서가 수백만 권 팔려 나가면서 1970년대 우리나라 최고의 학원 재벌이 되었다.

돈이 많아지니 그는 다시 전속 안마사를 두고 자가용을 타고 다니며 귀한 음식만 먹었다. 그래서 살이 오른 것까지는 좋았는데 대신 두꺼운 안경을 끼게 되었고, 혈압이 높아졌다. 또 심장이 약해져서 단 100미터도 간신히 걸어다니는 신세가 되었다.

"돈은 사람을 오만하게 만들고 진리에서 눈멀게 한다."는 말이 있다. 그는 고생했던 시절을 까마득하게 잊어버린 것이다. 세계 최고의 약까지 수입해와서 먹었으나 병세는 점점 악화될 따름이었다.

결국 정신이 혼미해지고 졸도까지 한 그는 죽음을 예감하지 않을 수 없었다. 그의 아내는 이미 당뇨병으로 세상을 떠나고 없었다. 죽음을 눈앞에 두니 조센징이라 얻어맞고 거지 이하의 생활을 하며 동경 하늘 아래에서 신문 뭉치를 들고 뛰어다니면서 고생했던 세월이 떠올라 원통해서 죽을 수가 없었다.

그때 그의 뇌리를 번개같이 스치는 생각이 있었다. "나는 젊었을 때 병원 신세 한 번 안 지고 자연식으로 폐결핵을 고쳤다. 그렇다! 현대의학, 약학은 믿을 수가 없다. 나 스스로 연구해야 한다. '병상에 누워있는 억만장자가 깡통 차고 밥을 얻어먹는 건강한 거지보다 못하다.'는 말이 있지 않은가!"

마침내 찾아낸 건강장수의 비결

그는 모든 사업을 아랫사람들에게 맡겨버리고, 남해로 내려가서 20년간 다시금 건강에 관한 무수한 책을 읽고 연구와 실험을 거듭한 결과 사람을 살리는 놀라운 두 가지 영약을 발견했다.

첫 번째 영약은 뛰어난 항암제이자 내장의 대청소부로서 젖산균_유산균 덩어리였다. 이 영약을 날것으로 먹으면 일평생 위염과 장염, 직장암 걱정 없이 살 수 있고 설사와 변비가 해소된다는 것을 알았다.

두 번째 영약은 놀라운 해독제이자 혈관의 대청소부 역할을 하는 살균제, 이뇨제였다. 이 영약을 먹으면 피와 뼈, 신경과 호르몬을 다스릴 수 있었다. 이 영약을 항상 먹는 사람은 자율신경 실조로 인한 심방세동 부정맥, 뼈가 노화되어서 오는 신경통, 관절염, 골다공증에 걸리지 않고, 해독과 대사에 이상이 생겨 발생하는 간장병, 당뇨병, 신장병의 공포에서 해방될 수 있다. 암이라는 것이 도무지 발생할 수가 없는 것이다.

첫 번째 영약은 청국장이고, 두 번째 영약은 식초였다. 첫 번째 영약은 동양인들만 먹지만, 두 번째 영약은 전 세계인이 먹으며, 인류 최고의 상이라는 노벨상을 3회나 받았다는 놀라운 사실을 알게 되었다. 두 가지 영약을 발견한 그는 자신의 몸을 통해 그 효능을 실험해보았고 마침내 그는 전과 같은 건강을 되찾게 되었다.

그가 20년 만에 세상에 다시 나오니, 옛날에 같이 어울리던 부자 친구들은 거의 이 세상 사람들이 아니었고, 혹 살아남은 사람들도 병상에 누워 죽음의 고통에 시달리고 있었다. 또한 주인 없이 맡겨 놓은 그의 사업은 부도가 나서 자신은 어느새 거지가 되어있었다.

영어, 일어, 한문 원서를 읽는 데 능통했던 천재가 수천억 원의 재산을 허비하고, 20년간 밤낮으로 연구하여 얻은 것이라고는 누룩으로 만든 식초와 고리타분한 청국장이 전부였다. 그러나 그는 식초와 청국장을 통해 그를 무섭게 짓눌렀던 무서운 심장병을 이겨내고 안경을 벗어던진 상태였다.

그는 80대에도 돋보기를 끼지 않고 신문을 읽었고, 30대 같은 정열로 건강책을 출간했으며, 병에 걸려 신음하는 사람들을 살리기 위해 쉴 틈 없이 국민건강 운동을 펼쳤다.

사람을 살리는 영약이 구하기 어려운 귀한 약재가 아니라, 시큼한 식초와 냄새나는 청국장이라는 사실을 누가 알았겠는가? 부자 영감님들이 들으면 코웃음 칠 천더기들이 사실 천하제일의 영약이었다. 인생에서 가장 고귀한 것은 저 깊은 산속에 묻혀 있는 산삼같이 희귀하고 값비싼 것이 아니라 그와는 정반대인 곳, 즉 우리와 가장 가까운 곳에 있으며 가장 값싸게, 또는 공짜로 얻을 수 있는 것들 속에 숨어 있게 마련이다.

그는 병들어 고통받는 사람들에게 희망과 용기뿐만 아니라 구체적인 치료 방법도 주었다. 그는 누구든지 독소 제거, 자연식, 운동을 삼위일체로 실행하면 살 것이라 말했다. 그러나 이를 무시하고 건강해질 다른 방향을 찾으면 그 사람에게는 오직 죽음뿐이라 말했다.

안현필 선생은 이렇듯 건강장수의 비법에 정통하시었지만 교통사고를 당하셔서 그 후유증으로 안타깝게 가셨다. 만일 불운한 사고만 없었더라면 100세는 거뜬히 지나셨을 것이다.

무명의 노동자에서 식초연구가로

나는 안현필 선생의 삼위일체 장수법을 접한 뒤 두 번이나 서울에 올라가서 안현필 선생에게 건강 연수를 받았다. 그중에서도 "구 선생, 한국에도 일본처럼 수년 이내에 천연식초 시대가 열릴 것이니 천연식초를 만드는 데 힘쓰시오."라는 선생의 권유대로 나는 천연식초를 연구하는 데에 몰두하기로 했다.

이윽고 전 재산인 개인택시를 팔아 산 좋고 물 좋은 명당인 합천 노태산 깊은 골에 홀로 들어갔다. 나는 식초가 사람을 살리는 영약이라는 확신을 가지고 있었고, 스승인 안현필 선생과 함께 한국에 천연식초 시대를 여는 선각자가 될 거라는 자부심이 있었다. 거기에는 분명 이대로 가난한 택시 운전사로 생을 마감할 수 없다는 오기도 있었다.

그러나 외롭게 천연식초를 연구하다보니 힘들고 배고픈 시절이 계속되었다. 만든 식초가 무더기로 썩어나갈 때면 절망스럽기도 했다. 그럴 때마다 나는 컴컴한 식초 숙성실에 들어가 주저앉았다. 그러다 일어나 미친놈처럼 군가를 불렀다. "사나이 태어나서 두 번 죽느냐."

안현필 선생이 각고의 노력을 기울여 현미의 유익성에 대해서는 모르는 사람이 없어졌다. 또한 많은 사람들이 그 시절 된장이 발암물질이 아니라 항암제이고 건강식품이라는 사실을 처음 접했다.

그러나 식초에 대한 세간의 인식은 아직 알려지지 못해 참담한 실정이었다. 식초는 리트머스 시험지에서는 산성으로 나타나지만 체내에서는 만병의 원인인 산혈증_{혈액이 산성이 된 상태}을 해소하는 강력한 알칼리성 식품이다. 산성인 음식인데 먹으면 우리 몸을 알칼리성으로 바꿔주니 참으로 오묘한 메커니즘이 아닐 수 없다.

이러한 점을 이해하지 못하니 식초를 오해하는 사람들이 많았다. 또한 식초를 찾더라도 천연 양조식초와 에틸알코올로 만든 인공식초를 구분하지 못하는 사람들이 대부분이었다.

안현필 선생은 분명 식초의 놀라운 효능에 대해 발표하고 한국 식초 문화의 신기원을 열었다. 각종 매스컴과 자연식 연구가들도 선생의 저서인 『삼위일체 장수법』에 소개된 식초에 대한 내용을 인용하면서 '식초가 영양가도 없고 뼈를 녹인다.'는 잘못된 인식을 바로잡고자 노력했다. 그러나 그때까지도 세간의 상황은 너무나 미흡했다.

그래서 나는 안현필 선생에게 사람들이 식초에 대해 갖고 있는 오해와 천연식초와 초란, 초콩 요법을 신문 지면에 실어달라는 청을 담아 편지를 쓰게 되었다. 식초는 개인이나 문중의 영리를 목적으로 만들기에는 너무나도 소중한 우리 민족 공동의 재산이다. 그래서 천연식초 제조법을 널리 알려 전통식초의 맥을 잇고 후손들에게 천연현미식초를 만드는 방법을 가르쳐야 한다는 의견도 그 편지에 담아 전했다.

신문에 게재된 나의 이야기

　그때 선생은 한국일보에 『삼위일체 장수법』을 연재하고 있었는데, 내가 선생께 보낸 편지가 1994년 9월 15일 자에 전면 게재되었다. 그런데 그 내용이 일파만파로 퍼지면서 나는 무명의 노동자에서 일약 식초연구가로 변신했다. 안현필 선생은 이론을 가르치는 학자로, 나는 실질적인 제조법을 가르치는 연구가로 깊은 인연을 맺게 된 것이다.

03 전국각지를 돌며 천연식초를 전수받다

내가 알고 있는 천연식초에 대한 지식은 결코 하루아침에 쌓아진 것이 아니다. 나는 안현필 선생에게서 배운 식초 요법에 대한 지식을 바탕으로 전통 천연식초를 구현해내고자 연구를 거듭했다. 하지만 그 과정에서 스스로의 부족함을 깨닫게 되었다.

결국 나는 전국 곳곳에 숨어있는 전통식초 제조법을 찾고자 수행의 길에 올랐다. 우리 조상들은 효소로 술을 빚고, 식혜나 엿을 만드는 등 오래전부터 효소를 잘 이용해왔다. 분명 잘 찾아보면 내가 알고 있는 경지 이상의, 그리고 더 다양한 식초 지식을 배울 스승들이 있을 터였다.

자연식의 대가 김현주 옹에게 배우다

경남 합천군 가야면의 김현주 옹은 90세에도 허리 하나 굽지 않고 정정한 백발홍안白髮紅顔의 자연식 대가였다. 김 옹의 건강 비결은 단한 가지. 자신이 만든 식초에 토종 계란을 껍질째 녹여 벌꿀에 타서 마시는 것이었다.

물어물어 찾아간 김현주 옹의 집 널찍한 마당에는 감나무, 대추나무, 모과나무, 석류나무, 살구나무 등이 우거져 있어 경치가 좋았다. 텃밭에는 각종 채소들이 싱싱하게 자라고 있었으며, 윤기가 흐르는 수탉이 암탉 서너 마리를 데리고 다니며 유유히 벼슬을 자랑했다. 유순하게 보이는 강아지는 낯선 이를 보고도 짖지 않고 바지에 주둥이를 부비며 좋다고 뱅글뱅글 돌면서 네 발을 들고 재롱을 부렸다. 마치 강아지가 주인의 인심을 대변하는 것 같았다.

대청에 오르니 마당에 그늘을 드리운 큰 회화나무가 보이고, 대나무 숲이 우거진 집 뒤쪽으로는 하늘을 찌를 듯한 가야산 주봉이 햇빛에 눈부시게 빛나고 있었다. 풍수지리를 몰라도 이 집터가 길하구나 하는 생각이 저절로 들었다.

김 옹이 얘기했다. "식초의 역사는 1만 년이 넘고 우리나라에는 삼국시대 때 중국에서 건너왔다는 기록이 있어. 식초는 살아 숨쉬는 생명체라 빚는 사람의 인격과 성품이 그대로 나타나기 때문에 부정한 사람은 식초를 빚을 수 없지.

또 식초에는 자연과 하나가 되기를 바라는 조상의 우주관과 인고의 세월을 살아온 한국 여인의 염원이 녹아 있어. 초두루미_{식초를 담그는 데 쓰는 항아리}를 쓸어안고 '나하고 살자, 나하고 살자.' 하고 흔드는 광경을 떠올려봐.

초두루미를 흔드는 건 발효를 촉진시키기 위한 것인데, 외국처럼 기계로 식초 표면을 젓는 게 아니라 자식처럼 끌어안고 다정하게 흔들어. 그리고 젊은이는 시운을 만나야 할 것이니 '시운 맞추자, 시운 맞추자.' 하면서 흔들지." 김 옹은 잠시 숨을 돌리더니 곧 말을 이었다.

"산은 종교요, 산행은 곧 수도라 했으니 산에 오를 때는 경건하게 오르고 나뭇잎 하나, 벌레 한 마리라도 쓸데없이 훼손하지 마. 풀잎에 몸을 숨기는 이름 없는 풀벌레 한 마리도 살아남아서 종족을 보존하기 위해, 투쟁하고 공생하며 진보하려고 몸부림치고 있는 거니까 말이야.

또 사람은 자연의 지배자도 아니고, 천지만물이 사람을 위해 생겨난 것도 아니야. 사람은 자연의 일부분이라 여름에는 덥고 겨울에는 추워. 꽃피는 봄날에는 즐거움을 느끼고 추풍에 낙엽 지면 쓸쓸해지지. 사람도 자연에 순응해서 살고, 식초도 바람과 해와 달, 시절 따라 절로절로 숙성되어야 하는 거야."

김현주 옹은 식초를 가져온 뒤 냉수에 조금 타서 마시고 나에게도 권했다. 보통 할머니들이 담근 식초는 백미식초라 맑고 노란색을 띠며 맛은 달착지근하다는 공통점이 있는데, 이 식초는 엷은 간장색이 나는 흑초였다. 김현주 옹은 이 흑초가 현미쑥초라고 했다.

쑥은 떡도 만들고 국도 끓일 수 있는 음식이면서 뛰어난 약리 효과가 있는 약초이다. 또한 독이 없고 속을 덥게 하면서 장운동을 원활하게 하며, 몸이 차가워서 생리 장애가 있는 여성이 먹으면 생리

장애와 통증이 제거된다. 모세혈관이 약해서 출혈이 잦은 사람이 먹으면 지혈도 된다. 쑥에 혈소판을 증강시키는 성분이 들어 있기 때문이다.

특히 인진쑥은 만성간염에 효과가 있으며, 간 종양을 축소하는 데도 비교적 좋은 작용을 한다는 사실이 동물 실험으로 증명되었다.

"쑥은 위장을 보호하고 솔잎은 혈관을 다스리지. 적송赤松을 알면 뇌혈관 질환으로 죽지 않아."

쑥과 솔잎은 안현필 선생이 누누이 강조한 약초의 제왕이다. 약쑥과 인진쑥, 현미식초의 만남이라. 나는 떨리는 가슴을 누르고 김현주 옹의 말을 경청했다.

"우리 조상들은 쑥을 '만병초'라고 불렀어. 일제 치하에, 전쟁 통에, 보릿고개에 풀뿌리와 나무껍질로 연명할 때마다 쑥은 우리 민족을 기아에서 구출해온 은혜의 약초야. 쑥은 대륙의 한쪽 귀퉁이 반도에서 천 번의 외세 침략을 이겨낸 우리 민족의 끈기와 후덕함, 강인한 생명력을 그대로 나타내지.

요염하지도, 뽐내지도 않지만 어떠한 천재지변이나 병충해 등에도 말살되지 않고, 이듬해 봄에는 어김없이 새싹을 내미는 우리 민족의 정신을 닮은 약초야. 흉년에 나물만 삶아 먹는 사람은 부황이 나지만 쑥을 된장으로 무쳐 먹는 사람은 몸이 붓지 않아."

그러면서 김현주 옹은 나에게 중요한 이야기를 남겼다.

"위장에는 약쑥이 좋고 간장에는 인진쑥이 좋은데 새순을 섞어서 사용하게. 그리고 누룩, 엿기름, 생강, 감초로 빚은 쑥초에 토종 유정란을 껍질째 녹여서 마시는 초란은 혈액 속에 있는 독을 제거하고 골수를 생성하는 천하의 영약이야. 옛날에는 비방이라고 해서 다른 사람들한테는 가르쳐주지도 않았어. 선대에게 물려받은 가문의 비방이니 반드시 전통을 유지하고 계승하게."

내 손을 잡고 쉽게 이해할 수 있는 말로 장인정신을 일깨우며 현미쑥초 제조법을 전수하는 그의 모습에서 잔잔하지만 강한 열정이 느껴졌다.

얼마나 시간이 흘렀을까. 큰절을 하고 뜰에 내려서니 대추나무 정수리로 달이 은빛 물결을 쏟아붓고 있었다. 대추나무 이파리는 별처럼 빛나고, 쏟아져 내린 물방울이 다시 튀어 오르듯 귀뚜라미 소리가 자글자글 뜰에 깔려 있었다. 그리고 나는 천지만물의 아름다움으로 가득한 뜰에 서서 은은한 향이 나는 현미쑥초의 비밀을 마음 깊이 새겼다.

경주 최씨 할머니에게 전수받다

경주 근교의 한적한 강변도로, 저희들끼리 두런두런 세상살이 이야기를 나누면서 흘러가는 강물 굽이마다 어둠이 깊고, 고단한 인생길에 낙엽 뒹구는 가을날이었다.

차를 타고 가다가 비탈진 밭에서 하얀 할머니가 고추를 따고 있는

게 보였다. 이상한 기분이 든 나는 차를 후진해서 할머니를 찾았다. 경주 남산 아래 식초를 잘 만드는 종가가 있다는 소문을 듣고 찾아 나선 길이었다.

할머니에게 물었다.

"할머니, 누룩 반죽을 어느 정도로 하면 많이 썩뜨지 않고 외꽃_{누룩}이 잘 띄면 생기는 노란빛이 피겠습니까?"

"요 정도로 하면 되겠네." 하면서 할머니는 밭에서 빗물이 빠지고 모래 성분이 많은 흙을 꽉 쥐어 보였다. 백발에 흰옷을 입어 온몸이 하얗게 보이는 할머니가 매우 논리적으로 설명해서 예사롭지 않다 는 느낌이 들었다.

당시 80세였던 경주 최씨 할머니는 식초의 달인이었다. 할머니는 슬하에 6남매를 두었는데, 그중의 한 딸이 이유 없이 만성 피부병과 간장병, 요통 등에 시달렸다. 약도 효과가 없어서 노심초사하던 차 에 우연히 동네 노인에게 "간장병에는 옛날 누룩으로 만든 식초가 좋다."는 말을 듣고 불현듯 옛 기억이 되살아나, 식초를 만들어 딸에 게 마시게 했는데 100일 만에 딸이 완쾌되었다고 한다.

할머니의 식초 제조법은 이러했다. 누룩과 고두밥으로 술을 빚어 큰 독에 담아 습기 찬 밤나무 밭에 묻어두면 서서히 식초가 만들어 진다. 큰 독 뚜껑을 조금 열어 놓으면 술 냄새를 좋아하는 땅속과 땅 위에 사는 벌레, 벌, 지네, 지렁이, 땅강아지 등이 독 안으로 들어가

식초 속에서 녹아버린다. 이 식초가 몸에 영양이 되고 해독 작용을
하는데, 그 덕분에 딸이 완쾌되었다는 것이다.

식초로 몰려드는 땅속 생물들

이 제조법은 할머니가 처녀였을 때 고향 마을에서 널리 사용하던
방법이었다. 같은 마을에 폐결핵 환자가 있었는데, 죽음의 문턱에서
이 방법으로 식초를 만들어 먹고 나았다고 한다.

그날 이후 할머니는 1년 동안 먹을 식초를 만들어 자식들 집을 두
루 방문했고, 그것이 커다란 즐거움이 되었다.

그리고 어떻게 하면 더 좋은 식초를 만들까 고심하며 별별 방법을
다 시험해보았다. 솔잎, 쑥, 머루, 다래, 석류, 도라지, 더덕, 인삼,
생강, 마늘, 죽순 등을 넣어보기도 하고, 또 식초 항아리에 눈도 안
떨어진 쥐새끼와 개구리를 넣어 만들기도 했다. 물론 자식들에게는
비밀이었다.

할머니는 자식들이 모두 도시로 떠나고 덩그렇게 비어있는 큰 집에 혼자 외롭게 살고 계셨다. 그런 할머니에게 나는 인생살이의 애환을 서리서리 풀어놓으며 식초 만드는 법을 전해 듣고 실습했다.

빻은 밀을 가지고 가서 할머니와 함께 누룩과 술을 만들었는데 그때 비로소 누룩 제조법을 실질적으로 익힐 수 있었다. 나는 할머니에게서 적송의 솔잎·송화松花. 소나무의 꽃가루 또는 꽃·송기松肌. 소나무 속껍질·송자松子. 솔방울와 배, 생강, 대추를 엿기름으로 발효시켜 송엽식초 만드는 법을 배웠다.

그 뒤 나는 경주 최씨 할머니의 문중 비법인 천연 현미 송엽식초를 만들어 발명특허도 획득했고 텔레비전에도 방송되어 사람들이 구름같이 몰려드는 영광을 누렸다. 하지만 바쁘다는 핑계로 할머니를 찾아뵙지 못하고 차일피일 미루기만 했다.

해가 바뀐 후에 부랴부랴 찾아가니 할머니는 이미 돌아가셨고, 고추와 가지를 심고 봉숭아도 키우던 화단은 잡초만 우거져 무심한 가을바람에 흔들리고 있었다. 돌담은 무너지고 할머니와 마주 앉아 정겹게 이야기를 나누며 누룩을 만들던 대청에는 하얗게 먼지가 쌓여 고양이 발자국만 이리저리 어지럽게 찍혀 있었고, 찢어진 문풍지만 할머니의 넋인 양 처연하게 울고 있었다.

만나고 헤어지는 일에는 다 때가 있는데 나의 게으름이 은인을 슬프게 한 것이다. 돌아오는 길에 얼마나 허전하고 후회스러웠는지 모른다. 사립문 앞에 서서 어서 가라고 손을 흔드시던 할머니의 마지

막 모습이 차창에 어리어 왈칵 눈물이 쏟아졌다.

'할머니, 극락에 가셨겠지요. 좋은 식초 만들어 속죄도 하고 경주 최씨 문중 비법을 길이길이 전수하겠습니다.'

초두루미 이야기

우리 조상들은 식초 항아리를 '초두루미' 라고 불렀는데, 형태도 두루미와 닮았거니와 두루미처럼 장수할 수 있는 식품을 담고 있다는 뜻도 되기 때문이다. 세계 어디에도 식초 항아리를 이토록 놀라운 기능을 지닌 예술품으로 만들어 사용한 민족이 없다.

두루미 주둥이처럼 툭 튀어나온 초두루미

초두루미는 고려청자나 조선백자처럼 선택된 사람만이 즐기던 사치스러운 물건이 아니다. 거기에는 울고 웃으며 몸뚱이로 부딪치던 민초의 애환과 묵묵히 참고 견디며 살아온 한국 여인의 한이 서리서리 녹아있다.

고려청자나 조선백자는 실용성이 없지만 초두루미는 스스로 온도와 공기의 양을 조절해서 천연식초를 만들어준다.

고려청자보다 억만 곱 이상 귀하다고 할 수 있다.

초두루미의 가치를 안 뒤 20여 년 동안 전국 방방곡곡을 헤맨 끝에 1,300여 개의 초두루미를 확보했다. 하지만 아직까지도 충분한 전시공간을 마련하지 못해 나의 천연식초 연구소에 일부만 전시하고 있어 아쉬울 따름이다.

2

건강장수의 비결
천연식초

01 한국인은 발효식품 없이 장수할 수 없다

발효음식의 종주국 한국

배추를 날것으로 요리하면 샐러드가 되고 불에 익히면 수프가 된다. 그러나 그것을 삭혀 먹으면 김치가 된다. 발효식품은 인공적인 것도 아니고 자연이 준 것을 그대로 누리는 것도 아닌 우리 조상들이 수만 년의 시간을 들여 개발해낸 독특한 요리 방식이다. 이런 정성과 기술은 산업주의가 만들어낸 불의 문화와는 여러 면에서 대조를 이룬다.

식초, 된장, 김치, 청국장, 고추장, 젓갈, 조청, 식혜 등 한국 전통 음식을 대표하는 것들을 보면 모두 발효식품이다. 물론 발효음식은 세계 어디에나 있지만 특히 한국에서 발효식품은 한식 전체의 요리 체계를 관장하는 시스템으로 작동하고 있다.

또한 한국인의 생활문화 자체가 발효에 맞춰져 있기도 하다. 발효

음식이 우리 문화의 집합체라는 것은 우리의 전통 주거환경을 보면 알 수 있다. 한국의 전통가옥에는 앞마당이 있고 그에 대립되는 공간인 뒷마당이 있다. 이 뒷마당의 중심이자 상징이 장독대이다.

흔히 장독대를 말하면 옹기로 된 장독만 떠올리는 경우가 있는데 엄밀히 말해서 장독대는 장독을 놓기 위해 쌓아둔 터를 가리킨다. 이러한 장독대가 뒷마당의 중심에 놓여져 있는 것이다. 이러한 주거 배치는 세계 어디에서도 찾아보기 힘들다.

뒷마당 가운데 위치한 장독대

장독대에서는 식초, 간장, 된장, 젓갈, 고추장 같은 발효식품들이 장독에 저장되어 발효되고 있다. 발효 문화를 대표하는 음식이 식초, 된장, 김치라고 한다면, 그것이 주거 형태로 나타난 것이 장독대다. 불에 익힌 요리 위주의 서양 음식문화가 주거 형태로 나타난 것이 벽난로나 바비큐 세트를 장치한 정원인 것과 마찬가지다.

흙으로 크고 작은 장독을 빚어 만드는 것에서부터 집에 뒷마당을 두어 장독대를 배치하는 것까지, 전통적인 한국인의 삶 속 모든 기술은 누룩으로 술과 식초를 담그고, 메주를 쑤고, 간장, 된장, 고추장을 만드는 발효음식에 맞춰져있다.

맑은 날에는 장독 뚜껑을 열어 햇빛을 쏘이고 흐린 날에는 뚜껑을 닫아 비를 피하게 한다. 그리고 매일 아침저녁으로 발효를 촉진시키기 위해서 식초 항아리를 자식처럼 끌어안고 흔든다. 발효음식을 단순한 음식으로 보지 않고 살아있는 생명체로 보는 것이다.

한국의 식초는 누룩으로 술을 만들고 그 술에다 뒷산의 더덕 한 뿌리, 우물가의 석류 한 알을 넣어 황토로 빚은 독에 저장해서 만든다. 처음에는 사람의 손으로 식초를 만들지만 완성시키는 것은 사람의 힘이 아니다.

사람은 담그는 역할만 하고 나머지는 식초 항아리를 품는 땅의 열과 바깥에서 부는 바람, 그리고 오랫동안 이어진 한국인의 천지인天地人 사상과 우주의 조화가 한다.

그리고 이러한 자연의 힘은 식초를 발효시키는 효모, 그 안에서 제 역할을 하는 효소에 의해 이루어진다.

발효식품은 생식과 불에 익힌 음식의 사이, 그리고 자연과 문명의 대립을 넘어서 삭혀 먹는 제3의 기능성, 즉 자연과 문명을 매개하거나 뛰어넘는 독특한 문화의 산물이다. 그래서 그 음식은 샐러드와 같은 자연의 음식이나 야채수프 같은 문명의 음식에서는 찾아볼 수 없는 새로운 역할을 한다.

원래의 모습을 벗어난 한국인

강의 흐름은 변하지 않는다. 항상 같은 모양으로 흐르고 있다. 우리의 몸은 음식물의 흐름으로 일관되고 있다. 우리의 몸은 '음식물의 강'이라고 말할 수 있는 것이다. 음식에 따라 정해진 체질이 있는 것은 당연한 것이다.

이에 대해 김지하 시인은 이렇게 말했다.

"인간 생명의 질서에는 먹이사슬 체계가 있는데, 그 체계는 민족의 독자적 문화와 체질 형성에 깊은 영향을 미친다. 그 체계를 벗어난 식생활은 반드시 병통을 일으킨다."

쉽게 말해서 할아버지, 할머니, 아버지, 어머니가 먹던 음식을 깎고, 첨가하고, 기름에 튀겨서 먹지 말고, 제때 제 곳에서 생산된 전통식품을 자연적으로 먹으라는 것이다. 내 몸이 하늘에서 뚝 떨어진 것이 아니고, 체질이 그렇게 순치되고 적응되고 진화되어 왔다는 것이다.

우리의 음식 체질은 발효식품을 먹는 데에 있다. 조상대에서부터 수만 년간 이어진 이러한 삶의 방식은 단순한 문화를 넘어서 우리의 체질과 DNA까지 바꾸어놓았다. 그런데 개화기가 되고 현대문명이 들어서자 우리의 음식문화는 돌이킬 수 없이 변질되고 말았다.

우리의 식탁은 전통적인 발효음식이 아닌 화학공정에 의해 만들어진 것들로 가득 차게 되었다. 현대에 와서 한국인이 온갖 질병을 달고 살게 된 이유가 여기에 있다. 발효식품을 멀리한 것이다.

발효음식의 대표주자 식초

세상에는 다양한 발효음식이 있지만 그중에서도 가장 광범위하게 오랫동안 먹어온 음식이 있으니 그것이 바로 식초다.

초는 술과 더불어 발달한 것으로 추정된다. 동양에서 식초를 뜻하는 '초酢'나 '초醋'는 한나라 이후의 문헌에 나오므로 그 이전에는 식초가 많이 보급되지 않았을 것이라고 하지만, 술의 유래가 4,000~5,000년 또는 그 이전으로 추정되니 식초도 그처럼 상고시대에 사용되었을 것이며, 오히려 술보다 앞서 식초의 형태로 고대인들이 이용했을 것이라고 추측할 수 있다.

지금은 주로 말을 주고받는다는 의미나 속 보이는 짓이라는 의미로 쓰이지만, 술을 마실 때 잔을 서로 건네는 것을 '수작酬酌, 酬醋, 醋酢'이라고 하는데 이때 술잔을 건넨다는 뜻인 '작酌, 醋'자는 식초를 뜻하는 '초'로도 읽힌다. 잔을 건넨다는 의미의 글자가 동시에 초를 의미하는 것으로 보아 오래전부터 식초가 일상생활 깊숙이 자리 잡고 있음을 짐작할 수 있다.

서양에서는 포도주의 기원을 약 1만 년 이전으로 보며, 포도식초 역시 같은 시기로 보기도 한다. 영어에서 식초 '비니거vinegar'는 프랑스어 '뱅vin, 포도주'과 '애그레aigre, 신맛'를 합친 '비내그레vinaigre'에서 온 말이다. 원래는 포도주를 초산 발효시켜 식초를 만들었으므로 이렇게 부르게 된 것이다.

아라비아어 '시에히게누스'는 식초를 뜻하는 말 중 문헌상으로 가장 오래된 말이다. 이는 이스라엘의 지도자 모세가 붙인 말로 기원전 1450년경에 이미 식초가 있었음을 증명한다.

중국에는 공자 시대에 이미 식초가 있었고, 우리나라에는 삼국시대에 중국에서 식초 만드는 법이 전래되었다.

조선시대의 여성생활백과라고 할 수 있는 『규합총서閨閤叢書』를 보면 식초 만드는 법이 실려 있다.

"정화수 한 동이에 누르게 볶은 누룩 가루 4되를 섞어서 오지항아리에 넣어 단단히 봉해 두었다가, 정일에 찹쌀 한 말을 백세百洗, 술 빚을 쌀을 수십 번 물로 씻어내는 것하야 쪄서 더울 때 그 항아리에 붓고 복숭아나무 나뭇가지로 잘 젓고 두껍게 봉하여 볕이 잘 드는 곳에 두면 초가 되느니라."

이와 같이 문헌에 나오는 초를 보면 우리 옛 식문화의 다양성과 풍류를 느낄 수 있다. 또한 이들 제조법에는 공통적으로 신미辛未, 병자丙子, 을미乙未 등의 길일을 택하고, 부정을 멀리하는 요령이 수록되어 있다. 초를 만들어 잘 보존하는 데 마음을 쏟은 조상들의 정성을 엿볼 수 있다.

또 약 50년 전만 해도 우리나라 가정에서는 초병을 부엌 입구에 두어 어머니들이 부엌을 드나들 때마다 "초야, 초야, 너와 나와 살자." 하면서 정성껏 흔들어주는 정겨운 모습을 볼 수 있었다. 산소를 좋아하는 호기성균인 초산균의 발효에 얼마나 과학적인 방법인가. 경험으로 얻은 조상의 슬기인 것이다.

성서에는 "애통해하던 여인들이 십자가를 진 예수께 목을 축이시라고 초를 드렸다."라고 기록되어 있다. 십자가를 지고 피 흘리는 예수께 왜 그 많은 음식 중에서 초를 드렸을까? 그 시절에는 지금처럼 화학식초가 없었기 때문에 천연 과일식초를 드렸을 것이 분명하다.

피 흘리는 사람은 목이 타는 듯한 갈증을 느끼게 된다. 이때는 아마도 식초와 벌꿀을 생수에 혼합해서 드렸을 것이라고 추측된다. 그것이야말로 갈증 해소에 가장 좋은 약이기 때문이다.

후대의 종교지도자들이 초가 아닌 신 포도주를 드렸다고 번역하는 것은, 식초가 술에서 변한 유기산이며 신 포도주가 식초라는 사실을 모르는 무지의 소산이다.

식초는 동서고금의 귀족이나 천민을 막론하고 가장 귀하게 생각하고 아끼던 가정상비약이며 비장의 자연 치료제였다. 참외 서리를 하다가 주인에게 잡혀온 손자에게 초를 먹이고 초로 입을 씻기는 풍습은 초를 단순한 식품으로서만이 아니라 사심을 쫓는 정신적 약으로도 믿었음을 말해준다.

미국의 의사 D.C. 자비스D.C. Jarvis는 민간요법인 '버몬트 드링크 요법'을 이용해 많은 성인병 환자들을 고쳤다. 여기에 주로 사용한 방법은 꿀물에 식초를 시큼할 정도로 타서 마시게 하는 것이었다. 이것이 피로에는 더 바랄 수 없이 좋은 처방이다. "만병은 피로에서 온다."는 말을 생각해보면 식초의 유용함을 깊이 깨닫게 된다.

02 효소 부족이 노화의 주범

인간의 최대 수명은 150세

인간의 수명은 얼마나 될까? 종을 막론하고 동물의 전체 수명은 그 동물의 성장 기간의 5배가량을 차지한다고 한다. 쥐는 2개월 성장하니 수명이 10개월이고 소는 3년간 성장하니 수명이 15년이고 사람은 25년에서 30년 성장하니 수명이 125세에서 150세다. 최소한 100세 이상 살아야 평균 수명이 되는 것이다. 80대에 죽으면 이팔청춘에 요절夭折한 것이라 볼 수 있다.

인간의 오복五福이라는

- 수壽 : 오래 사는 것
- 부富 : 부유하게 사는 것
- 강녕康寧 : 건강하게 사는 것
- 유호덕攸好德 : 덕을 좋아하고 베푸는 것

• 고종명 考終命 : 죽을 때 고통 없이 죽는 것

중에 으뜸은 두말할 것 없이 수壽다.

사실 부귀도 강녕도 오래 살아야지만 누릴 수 있는 것이고, 수명 복이 없어 단명短命한다면 모든 것은 끝나 버리고 마는 것이다. 또 젊은 나이에 죽으면 그만치 죽음의 통증도 크고 여한도 많아진다.

노화의 주범, 활성산소

노화는 활성산소Free Radical 때문에 발생한다는 것이 양방과 한방, 동서를 불문하고 건강장수를 연구하는 학자들의 일치된 견해다.

활성산소가 인체의 발전소에 해당되는 미토콘드리아의 연소 활동을 방해함으로써, 우리가 활동하고 체온을 유지할 수 있는 에너지를 충분히 생산할 수 없게 한다. 이로 인해 세포들에 필요한 에너지를 충분히 공급해주지 못함으로써, 세포 복제가 멈추어 빨리 늙고 죽음을 초래한다.

이러한 전제조건을 보았을 때, 불로장수에 이르기 위해서는 인체 내의 활성산소를 줄일 특별한 방책을 마련해야 한다. 그러면 건강한 세포를 계속적으로 생산해내서 노화를 막을 수 있으며 장수할 수 있다.

참으로 다행스럽게도 모든 생물은 신체를 정상으로 유지하기 위한 항상성을 지니고 있고 인간의 신체 또한 활성산소의 폭주를 막도록 설계되어 있다. SODSuperoxide Dismutase라고도 불리는 '초과산화물 불균등화 효소'는 간, 췌장, 혈액, 뇌에 존재하는 모든 활성산소를 산소와 과산화수소로 바꿔 인체 밖으로 내보내는 역할을 한다. 활성산소를 인체 밖으로 내보내는 우수한 해독장치인 것이다.

초과산화물 불균등화 효소의 정체는 이름에서 알 수 있듯 '효소'라 불리는 단백질이다. 인간은 나이를 먹어갈수록 인체 내에서 이 효소를 분비시키는 양이 적어진다. 그렇게 되면 활성산소를 제어하지 못하게 되고 노화나 질병이 증가하게 된다. 우리 몸의 노화는 이렇게 시작된다.

건강과 노화는 효소가 좌우한다

인간의 몸은 열량을 내는 3대 에너지원탄수화물, 단백질, 지방 외에 모든 신체기능을 조절하고 활력을 생성하는 비타민, 미네랄, 호르몬과 효소라는 네 가지 요소로 유지된다. 비타민과 미네랄, 호르몬은 다양한 종류의 물질로 구성되어 있지만 인간의 몸에 영향을 미치는 것들은 그 종류와 기전이 대부분 파악되었다 할 수 있다.

다만 효소는 아직 과학적으로 미지의 세계라 부를 수 있을 만큼 연구가 덜 되어 있는 분야다. 학자들이 효소를 학문적으로 연구한 것은 불과 몇십 년밖에 되지 않았다. 게다가 효소는 다른 요소들과 비교도 되지 않을 정도로 종류와 역할이 많으며 지금도 계속해서 발견되고 있다.

효소는 일종의 단백질로 체내의 여러 가지 생화학적 반응을 촉진시키는 촉매작용을 한다. 또한 효소는 음식물의 분해작용을 촉진시키기도 하고 영양소의 대사과정을 높여 생체리듬을 원활하게 하기도 한다.

수명과 몸의 노화는 몸속 효소가 결정한다. 효소는 우리 몸에 필요한 근육이나 항체 등을 만든다. 다른 필수 영양소인 비타민, 호르몬, 미네랄 등도 효소의 도움 없이는 아무런 역할을 할 수 없다.

우리 몸의 건강 여부는 체액 속에서 효소가 원활하게 활동할 수 있는지에 달려있다. 효소는 우리 몸의 소화, 신진대사를 원활히 해주고 면역력을 키워주는 몸속 '으뜸 일꾼'이다.

효소는 외부에서 들어오는 독성 성분과 인체 내부에서 생성되는 독소들이 배출되지 않고 체내에 축적되는 과정에서 발생하는 관절염, 골다공증, 알츠하이머병, 파킨슨병, 근무력증 같은 퇴행성 질환의 해결사이기도 하다. 암이나 뇌졸중, 심장병은 말할 것도 없고, 노인들이 많이 걸리는 신경통, 관절염, 치매도 효소 부족이 원인이다.

우리 몸에는 수천 가지 종류의 효소가 있다. 효소 없이 우리 몸은 제대로 기능할 수 없다. 온갖 건강지식을 알고 있더라도 효소를 모르면 온전하지 못한 지식이다. 이제는 비타민을 챙기며 사는 것이 아니라 효소를 챙기며 살아야 한다.

체내 효소의 역할

효소는 우리 몸에서 어떤 역할을 하는지 구체적으로 살펴보자.

첫째, 체내 환경을 정비해준다. 체액을 약알칼리성으로 만들고 이물질을 제거하며 장내 세균의 균형을 유지한다. 또 소화를 촉진하여 병원균에 대한 저항력을 키워준다.

둘째, 항염증 작용을 한다. 백혈구를 운반하고 백혈구의 활동을 도와 병원균을 죽인다. 상처 입은 세포를 재생하는 데 도움을 주며 염증을 가라앉힌다.

셋째, 항균 작용을 한다. 백혈구의 식균 작용을 돕는 동시에 효소 자체도 항균 작용을 하여 병원균을 죽이고 세포의 생성을 촉진한다. 또 병을 근본적으로 치료한다.

넷째, 분해작용을 한다. 병이 생긴 장소의 혈관 안에 쌓인 고름이나 독소를 분해하고 배설하여 우리 몸을 정상적인 상태로 되돌려놓는다.

다섯째, 혈액 정화작용을 한다. 혈액 속 노폐물을 밖으로 내보내고 염증 등의 독성을 분해해 배출한다. 산성화된 체액의 혈중콜레스테롤을 분해해 약알칼리성으로 유지하는 역할 또는 혈액의 흐름을 원활하게 해주는 역할을 한다.

여섯째, 세포를 부활시킨다. 세포의 신진대사를 도와 기본적인 체력을 유지하게 하고 상처받은 세포의 생성을 도와준다.

효소가 모든 세포의 촉매 작용을 할 때는 하나하나가 분산적으로 이뤄지는 것이 아니라 전체 효소가 일제히 작용한다. 효소를 통해 우리 몸을 건강하게 하는 방법은 다음과 같다.

첫째, 효소를 소모하는 과음, 과식, 과로를 하지 않는다.

둘째, 약이나 주사를 절제하고 가공식품을 섭취하지 않는다.

셋째, 효소가 풍부한 발효음식 섭취로 체내 효소를 끊임없이 보충한다.

소화효소와 대사효소

우리 몸의 효소는 그 기능에 따라 소화효소와 대사효소로 분류할 수 있다.

소화효소는 우리 몸의 췌장, 타액, 위장, 장 세포에서 만들어져 음식의 소화를 진행하는 역할을 하는 효소다. 쌀밥을 오래 씹으면 씹을수록 입안에서 단맛을 더 느낄 수 있는 것은 타액 속에 들어있는 아밀라아제라는 소화효소의 작용 때문이다.

생선이나 육류가 위 속에서 소화가 잘되는 것도 단백질을 분해하는 펩신이나 레닌이라는 효소 때문이다. 반대로 육류를 먹어서 소화가 잘되지 않는 것은 이런 효소가 부족하기 때문이다. 췌장에서 분비되는 리파아제라는 효소는 지방산을 잘 분해시키므로 돼지비계나 튀긴 음식을 먹어도 소화시킬 수 있는 것이다.

밥을 먹지 못해서 몹시 여윈 손자에게 할머니가 밥을 씹어서 입안에 넣어주는 것이나, 병들어 누워있는 어버이에게 자식이 밥을 씹어서 입안에 넣어주는 것을 보고 비위생적이라고 생각하곤 하지만, 이것은 효소가 부족한 이에게 효소를 채워주는 매우 과학적인 방법이다. 이를 통해 외부로부터 효소를 공급받은 환자는 음식물을 잘 소화시킬 수 있고 식욕도 돋게 된다.

대사효소는 우리 몸속에서 소화된 영양소를 사용하여 신체 각 부분의 역할이 잘 돌아가도록 유도하는 역할을 한다. 인체 내에서 일어나는 모든 화학반응을 대사효소가 관장하고 있다고 봐도 된다. 앞서 설명한 우리 몸의 초과산화물 불균등화 효소 또한 활성산소와 독소를 배출하는 역할을 하는 대사효소의 일종이다.

다만 대사효소는 외부에서 공급받아 보충할 수 없다. 대부분의 대사효소는 오직 우리 몸 안에서만 생산할 수 있다.

그렇다고 효소 섭취와 대사효소가 관계없는 것은 아니다. 우리 몸에서 소화효소가 부족해지면 대사효소가 더 많이 소모되게 된다. 그렇게 되면 대사효소가 자신의 원래 역할을 제대로 수행하기가 힘들어지니 우리 몸은 더 많은 대사효소를 분비해야 하는 것이다. 이러한 상태가 빈번해지면 세포의 대사효소 감도가 낮아지고 우리 몸에서 만들 수 있는 대사효소 자체도 고갈된다.

또한 대사효소가 원활하게 활동하려면 소화효소의 분해로 만들어진 영양물질이 필요하다. 소화효소를 풍부하게 섭취하면 다량의 영양물질을 만들어내어 대사효소의 활동을 촉진하는 것이다. 일부 대사효소는 미네랄과 비타민이 없거나 부족하면 제대로 활동하지 않는다. 그래서 소화효소를 충분히 섭취하여 미네랄과 비타민을 빠짐없이 섭취해야 한다.

03 최고의 효소를 공급하는 천연식초

식품효소를 섭취해야 한다

소화효소의 역할은 외부에서 보충받은 식품효소로부터 직접 도움을 받을 수 있다. 식품효소는 다양한 발효음식을 만들 때 활용하는 효소를 가리키기도 하는데, 이러한 식품효소를 음식을 통해 섭취할 경우 소화효소의 작용을 돕는 역할을 한다.

식품효소는 기본적으로 각종 동식물에 의해 생성되어 인간이 그것을 먹음으로써 섭취하게 된다. 우리가 식초와 발효식품을 통해 섭취하는 효소는 전부 식품효소라 할 수 있다. 우리 조상들은 아주 오래전부터 동식물의 효소로 술을 빚었고 식초, 된장, 김치, 젓갈, 식혜나 엿을 만들어서 효소를 잘 이용해왔다.

기본적으로 인간은 100세 평생을 살아가기에 필요한 양의 효소를 스스로 생성해낼 수는 없다. 대략 30세 이후부터 우리 몸의 자연적인 효소 생성이 줄어들기 시작한다. 이때부터 재충전이 필요하다. 몸에 효소를 비축해야 한다. 그러지 않으면 우리 몸의 정상적인 신진대사에 지장을 초래하게 된다.

효소는 단백질로 이뤄져 있어 열을 가할 경우 쉽게 파괴되는 성질을 지니고 있다. 효소는 말리거나 얼려도 죽지 않지만 열에 약하다. 효소는 30~35도에서 가장 왕성하게 활동하고, 60도에서 기능이 정지되며, 끓이면 사멸되므로 전통 발효식품은 가급적 끓이지 말고 먹어야 한다.

이런 이유로 인해 화식火食에 익숙해진 현대인은 특히 외부로부터의 효소 섭취가 극단적으로 줄어들어 만성적인 효소 부족에 시달리며 살고 있다. 특히 가공식품과 인스턴트 식품을 자주 섭취하는 현대인들에게 효소 결핍증은 더욱 심각한 문제로 다가오고 있다.

효소를 만들어내는 발효의 마법

우리가 먹는 음식 중에서 효소가 가장 풍부한 것은 무엇일까? 바로 발효음식이다. 이것이 우리네 할아버지의 할아버지, 할머니의 할머니, 아버지, 어머니들이 눈에 넣어도 아프지 않을 자식들에게 발효식품을 물려준 이유다. 생명의 원천인 효소를 절약하고 저축하는 길은 효소가 풍부한 발효음식을 먹는 것이다.

발효란 무엇일까? 발효는 균微生物의 마술이다. 식물이나 동물의 유기물 속 지방, 단백질, 탄수화물, 미네랄 등은 미생물에 의해 분해

된다. 분해된다는 것은 균에 의해 잘게 쪼개진다는 이야기다. 그 잘게 쪼개지는 과정에서 놀라운 일이 벌어진다. 그것이 곧 발효의 마법이다.

발효는 유익균에 의해 일어나는데, 유익균은 발효 과정에서 무한대로 증식한다. 천연식초 한 숟가락에 함유된 유익균은 밀이나 현미 한 가마니에 들어있는 유익균의 양과 같다. 이처럼 엄청나게 늘어난 유익균은 사람 몸 안에 들어가 3,000여 종의 효소를 만들어낸다.

식물이나 곡물을 발효시키면 효소가 수천, 수만 배로 늘어난다. 가령 콩을 발효시키면 효소 덩어리가 된다. 그래서 된장, 청국장은 과식해도 쉽게 소화가 된다.

반대로 고기를 그대로 놔두면 부패균이 붙어 반드시 부패한다. 사람이 고기를 너무 많이 먹어도 몸안에 효소가 부족하면 부패가 일어난다. 동물성 단백질은 구조가 복잡해서 여간해서는 완전히 분해되지 않고 충분히 소화되지 않은 채로 장 속에 머문다.

그때 장에서 유해균을 만나면 썩기 시작한다. 방귀에서 독한 냄새가 나는 것은 장에서 부패가 진행되고 있기 때문이다. 고기를 먹고 충분히 소화되지 않은 상태에서 나오는 방귀는 냄새가 더 독하다. 따라서 고기는 가급적 국을 끓여서 조금씩 먹어야 한다. 곡물 64% 채소, 과일 24%, 고기 12% 비율이 가장 좋다.

동물성 단백질이 장에서 부패하면 황화수소, 아민 등 맹독성 가스가 생긴다. 사람 죽이는 이 독소는 간으로 들어간다. 간은 부랴부랴 500여 종의 효소를 동원해서 그것을 해독한다. 이때 막대한 양의 효소가 소모된다.

고기를 지글지글 직화로 구워 먹으면 힘이 생기는 것 같은 느낌이 드나 이는 착각에 불과하다. 간이 고기를 소화하기 위하여 더 많은 담즙을 배출해야 하고 피로한데, 힘이 날 리가 만무한 것이다.

간에서 일하는 해독효소의 능력에도 한계가 있다. 미처 해독되지 못한 독소는 혈액을 타고 돌아다닌다. 거기서 비극이 시작된다. 이런 일이 오랜 시간 계속 반복되면 결국 콜레스테롤이 증가하고 혈전이 생겨 심장병, 뇌졸중 등의 치명상을 입고 비참한 최후를 맞이하게 된다. 이것이 사람 죽이는 부패의 실상이다.

이때 유익균에 의해 만들어진 효소는 몸 안의 독소를 제거하고 면역작용을 활발하게 하며 소화를 촉진한다. 따라서 발효음식을 먹으면 그 자체만 소화되는 것이 아니라 대량으로 늘어난 유익균과 효소 덕분에 함께 먹은 다른 음식까지 소화가 잘된다.

어떤 것을 발효시키면 본래 그 속에 있던 독성 물질이 제거된다. 예를 들어 엄나무, 오가피, 헛개나무, 느릅나무 등과 같이 음식이 되지 못하고 약만 되는 것을 그냥 달여 먹으면 독성이 있을 수 있다.

그러나 약초나 한약재를 발효시키면 그 과정에서 균에 의해 독성이나 잔류 중금속이 제거된다. 심지어 독극물의 하나인 복어알도 3년 이상 발효시키면 독성이 제거되어 먹을 수 있다고 한다.

수용성 항산화제라고도 불리는 유기산有機酸은 우리 몸이 공급할 수 있는 최고의 효소를 포함하고 있다. 유기산과 그 속의 효소는 신체 내에서 노화의 주범인 활성산소를 파괴하는 작용을 한다. 그러므로 노화 속도를 늦추기 위해서는 세포에 유기산을 충분히 공급해주어야 한다.

석기시대에 인간은 야생초나 발효된 나무 열매를 먹고 하루에 100mg 이상의 유기산을 섭취했다. 이 사실은 건강을 유지하려면 적어도 그 정도의 유기산을 섭취해야 한다는 것을 말해준다.

합성식초와 양조식초

식초는 제조법에 따라 합성식초와 양조식초로 나뉜다. 합성식초는 화학적인 방법으로 만들어진 것으로 합성 초산이 가미되며, 양조식초는 곡물과 과일이 자연적으로 초산 발효된 것이다.

합성식초는 순도 90~95퍼센트인 에틸알코올에 석유에서 추출한 빙초산을 가한 뒤 초산을 발효시키고 맛을 돕기 위해 펩톤, 폴리펩티드, 인산, 칼륨, 마그네슘, 칼슘, 당질물엿 등을 인공적으로 가미한다. 그리고 특수한 기계를 사용해 단 하루 만에 가공한 것이다.

이러한 합성식초에 포함되어 있는 화학 물질은 우리 몸에 악영향을 미친다. 또 선진국에서는 빙초산을 독극물로 분류해서 식초라는 이름을 사용하지 못하도록 하지만 한국의 슈퍼마켓에는 아직도 빙초산이 식품으로 진열되어 있으며, 소수이긴 하나 농촌 할머니들이 식초를 만들 때 원료로 사용하는 경우가 있다.

합성식초는 말할 것도 없이 우리 몸에 해를 끼치는 극약이라 할 수 있다. 빙초산을 주기적으로 먹으면 여러 가지 공해병과 신체장애의 원인이 된다. 합성식초는 살아있는 유기산을 포함하고 있지 않으며 먹으면 먹을수록 우리 몸을 갉아먹는다.

현재 가정에서 가장 보편적으로 사용하는 것이 알코올 양조식초이다. 이것은 고구마나 감자 등의 전분질과 펄프 폐액 등을 알코올 발효시켜 초산균을 섞은 후 초산균의 영양이 되는 질소 함유물이나 무기염을 첨가한 뒤에 다시 발효시킨 것이다.

원료가 에틸알코올이기 때문에 식초의 영양 성분인 유기산, 비타민류는 거의 함유되어 있지 않으므로 역시 건강을 생각한다면 피하는 것이 좋다.

식초의 종류는 대단히 많다. 각국에서 주로 사용하는 식초는 그 나라에서 많이 제조되는 알코올 음료 및 재배되는 과실류와 깊은 관계가 있다.

예를 들면 사과주스를 발효시킨 미국의 사과식초, 포도주스를 발효시킨 프랑스의 포도식초, 맥아즙을 발효시킨 영국과 독일의 맥아식초 등이 있다. 한국, 일본, 중국의 동북아시아 3국은 쌀, 보리, 옥수수 등으로 만드는 곡물초를 널리 사용해왔다.

한국의 전통 곡물초 중에서도 가장 영양가가 높고 치료 효과가 뛰어난 식초는 바로 누룩으로 만든 천연 현미식초다. 천연 현미식초는 현미로 고두밥을 찌고 그 고두밥에 누룩과 물을 첨가해 식초가 되기까지 발효 과정을 자연 상태 그대로 하여 만든다. 일본에서는 이를 흑초라고 해서 알코올 식초나 과일식초와는 완전히 구분한다.

건강을 지키기 위한 최고의 수단 천연 현미식초

천연 현미식초에는 여덟 종류의 필수 아미노산이 균형 있게 함유되어 있을 뿐만 아니라, 쌀에 누룩곰팡이를 작용시키는 초산균의 알코올을 초로 바꾸는 작용으로 인해, 아미노산 이외에 초산, 구연산, 사과산, 주석산 등이 풍부하다. 천연 현미식초는 건강을 지키기 위한 최적의 식초이며, 간장 해독과 이뇨에 뛰어난 효능을 나타낸다.

현미식초에는 발린, 알라닌, 페닐알라닌 등의 아미노산이 있어 고지혈증을 방지하며 비만 해소에 아주 좋다. 또 현미식초의 파이토스테롤은 중성지방, 동맥경화 등을 예방함과 동시에 HDL 콜레스테롤이라는 고밀도 리포단백질을 증식시키는 작용을 한다. 따라서 심장병과 뇌졸중도 예방할 수 있다.

잘 만들어진 곡물초는 꽃향기가 도는 누르스름한 액체가 되는데, 신맛 외에도 깊은 맛이 난다. 다만 곡물초는 장기간의 정성과 노력이 필요하기 때문에 만들기가 어려운 것이 단점이다.

현미식초에는 아미노산과 유기산이 많아서 피로해소와 체내 해독에 도움이 된다. 물 한 컵에 꿀 두 숟가락, 식초 두세 숟가락 정도를 타서 식후에 마시면 효과가 크다.

한국의 각 가정마다 옛날처럼 식초 항아리를 두고 천연 현미식초를 만들어 마신다면 병실이 모자라서 입원을 못하는 지금의 불행한 상황을 피할 수 있으며, 시한부 인생이 되어 죽어가는 사람들의 고통을 단기간에 줄일 수 있다.

04 남성은 10년 여성은 12년 더 살 수 있다

암에 대한 면역력을 높인다

식초는 우리 몸에 아주 많은 이점을 가져다준다.

장수하기 위해서는 암과 같은 성인병을 예방해야 하는데 천연식초 섭취는 암의 예방접종과 같다. 식초를 많이 섭취하면 암이 되는 비율이 반으로 줄어들며, 특히 신장암과 간암, 위암, 대장암, 췌장암 같은 소화기 암에 효과적이다.

노벨상을 수상한 식초 연구가 한스 아돌프 크레브스Hans Adolf Krebs 박사의 연구에 따르면, 하루에 100mg의 천연식초를 매일 섭취하면 평균 수명보다 남성은 10년, 여성은 12년 더 장수가 가능하다고 한다. 하루에 100mg의 천연식초면 암을 예방하는 데는 충분하다.

밀누룩 속 펩티드가 간장을 보호한다

밀누룩은 밀을 분쇄해서 누룩곰팡이를 증식시킨 것이다. 밀을 반죽해서 거기에 누룩균 포자를 넣어 온도를 30°C 정도로 유지시킨 뒤 20일이 지나면 전통 누룩이 생긴다. 찐쌀과 밀누룩, 물을 넣은 그릇에 청주효모를 증식시켜 일주일 정도 발효시키면 술이 된다.

밀반죽에 누룩균을 번식시켜 만든 전통 누룩

이것을 보자기에 싸서 누르는데, 이때 보자기 밖으로 나오는 것이 청주이고 안에 남는 것이 술지게미다. 천연식초는 이 청주를 초산 발효시킨 것이다.

식초의 재료가 되는 누룩은 건강을 유지하고 노화를 방지하는 물질을 만들어내는데 그 대표적인 것이 '펩티드'다. 펩티드는 쌀이나 청주 효모의 균체 속에 있던 단백질이 분해되어 아미노산으로 변하는 과정에서 만들어지는 물질이다. 청주 효모 균체는 청주 속에서 자기 소화를 일으키고 균체를 구성한 단백질을 분해하여 아미노산을 늘려나간다.

연구결과 청주에 포함되어 있는 펩티드는 몸의 세포를 강화하고 특히 약한 간장을 활성화시키는 것으로 밝혀졌다. 따라서 간장 기능이 약한 사람과 알코올 때문에 간장이 지나치게 손상된 사람에게 전통식초는 권할 만한 식품이다.

일본에서는 식초가 잦은 폭음으로 발생하는 알코올성 간염을 예방하는 음료라고 알려져 화제가 되었다. 옛날부터 조상들도 피로할 때나 술을 마신 후에 식초를 마셨다.

그러나 누룩산이 없는 과일식초는 간장 해독 기능이 미약하며 빙초산 합성식초는 오히려 간 기능을 크게 해치므로 유의해야 한다.

영양분 흡수를 돕는다

식초가 지닌 또 하나의 장점은 비타민이나 미네랄 등이 풍부한 식품과 함께 먹으면 영양소가 파괴되는 것을 방지할 뿐만 아니라 영양분의 체내 흡수를 돕고 조직을 활성화시키는 촉매기능도 가지고 있다는 점이다.

칼슘은 자연적인 상태에서 섭취하면 우리 몸에 잘 흡수되지 않는 물질 중 하나다. 특히 칼슘 부족은 정신질환과 성인병의 원인이 되기도 하여 잘 흡수하는 것이 매우 중요하다. 이러한 칼슘을 잘 흡수할 수 있는 방법이 바로 식초다. 칼슘은 식초와 같은 산성분에 녹아 있는 초산칼슘 상태일 때 흡수율이 50% 이상 높아진다.

비타민C는 주로 채소나 과일에 많이 함유되어 있지만, 열에 약하고 불안정하므로 저장법이나 조리법이 제한될 수밖에 없다. 그런데 이 비타민C는 체내에서 생성하거나 축적할 수 없기 때문에 반드시 매일 섭취할 필요가 있는 중요한 영양소이다.

이처럼 파괴되기 쉽고 다루기 까다로운 비타민C를 가장 잘 보호하고 그 효능을 발휘할 수 있게 하는 것이 바로 식초. 초절임으로 야채를 보존하면 비타민C가 파괴되지 않는다.

식초는 비타민C 등의 야채 성분뿐만 아니라 미역이나 다시마 등 해조류에 함유된 칼슘, 철분 등 미네랄의 흡수도 촉진한다. 미역무침을 할 때 식초를 듬뿍 뿌리면 해조류 성분이 상승효과를 일으켜 좋은 영양소를 몸에 공급한다.

잉여 영양소를 분해해 비만을 막는다

음식물을 과잉 섭취하면 당분이나 글리코겐이 지방으로 변해 몸에 축적되며, 이는 비만과 고지혈증의 주요 원인이 된다. 식초에는 몸속의 영양소 소비를 촉진하는 기능이 있어서 과잉 당분이나 글리코겐을 연소시킨다.

또한 식초 속에는 지방 화합물의 합성을 방지하는 성분이 들어있다. 이것은 신진대사를 활발하게 해서 에너지를 만들어내는데, 이러한 작용이 몸속의 노폐물을 배출하고 지방분해를 촉진시켜 비만을 방지한다.

장을 깨끗하게 한다

자연계에는 다양한 세균이 존재한다. 공기 중이나 물속, 우리의 손과 몸 안에도 다양한 세균이 산다. 그중에서 우리 몸에 도움을 주는 균을 유익균이라 하며 그중 장을 건강하게 하는 것은 젖산균이다. 젖산균은 요구르트를 비롯한 발효식품을 만드는 데 쓰인다.

장 속에 들어온 젖산균은 탄수화물 등의 당을 이용해서 효소와 산을 만들어내는데 이 과정을 젖산발효라 한다. 젖산발효 작용의 가장 기본적이고도 큰 효능은 장을 깨끗하게 해주는 것이다. 장 안에는 나쁜 균이 있는데, 이것은 강력한 발암물질을 만들어낸다. 젖산균은 이러한 나쁜 물질을 해독한다.

천연식초는 그 자체로 소화효소이며 장 기능을 좋게 하는 젖산균의 제왕이다. 장 안의 대장균을 비롯한 유해 세균을 죽여 변비를 예방하며, 장 환경을 개선해 변비나 치질 등에도 효과가 뛰어나다. 장이 깨끗해지면 암은 물론 그밖의 병원균에도 쉽게 감염되지 않는다. 전통 발효식품에는 간장, 된장, 고추장, 청국장, 식초, 김치, 식혜 등이 있고 식품에 따라 젖산균의 종류가 달라진다.

식초의 원료인 누룩균 또한 장 속 환경에 영향을 미친다. 누룩균을 이용한 발효식품을 먹으면 장 속에 좋은 균이 많이 살게 되고 장을 깨끗하게 만드는 것이다.

혈압을 낮추고 동맥경화를 예방한다

고혈압을 크게 나누면 2차성 고혈압과 본태성 고혈압으로 나눌 수 있다. 2차성 고혈압은 혈압을 높이는 원인이 되는 병이 있어 혈압이 높아지는 경우를 가리킨다. 신장병, 심장병 등으로 생기는 고혈압이 이에 해당한다.

본태성 고혈압은 혈압이 높아진 특별한 원인이 되는 질환이 없는 것을 말한다. 본태성 고혈압 가운데 거의 반은 유전요인, 나머지 반은 '안지오텐신 전환 효소ACE : Angiotensin Converting Enzyme'와 관련이 있다. 안지오텐신 전환 효소는 일시적으로 혈관을 좁게 만들어 그곳의 혈액 흐름의 압력을 증가시키는 일을 한다. 즉 혈압을 조절하는 데 필수적인 효소다.

전통식초에는 안지오텐신 전환 효소 활성물질이 많이 들어있어, 본태성 고혈압인 사람들이 식초와 초란으로 젖산균과 칼슘, 안지오텐신 전환 효소 성분을 동시에 섭취하면 좋다. 전통식초는 단순한 음료라기보다는 효과가 높은 건강 음료다. 고혈압인 사람은 물론 건강한 사람도 평소에 식초를 자주 마시면 좋다.

식초에 들어있는 유기산은 신체 내에 악성 콜레스테롤을 줄이고 순성 콜레스테롤을 늘린다. 또한 식초에 함유된 식이섬유는 혈액을 진득진득하지 않게 해서 혈압을 안정시키고 혈관을 보호하여 동맥경화를 예방한다. 하루에 식초 한 잔을 먹는 사람은 평균적으로 최대 혈압이 11mmHg, 최소 혈압이 6mmHg 정도 낮아진다.

식초는 염분을 배설하는 역할도 한다. 음식을 조리할 때 식초를 곁들이면 염분을 억제해서 성인병 예방에 도움이 된다. 추가적으로 성인병 환자가 음식을 싱겁게 먹을 경우, 식초를 넣으면 염분을 조금 첨가해도 싱겁다는 느낌이 덜 들어 맛있게 먹을 수 있다.

우리 몸의 독소를 내보내고 순환시킨다

지나치게 신경을 쓰거나 운동을 많이 하면 에너지가 소비되면서 젖산이 발생한다. 보통 젖산은 소변에 섞여서 배설되지만 너무 많이 생기면 배출되지 못하고 조직 속의 단백질과 결합해 근육경화를 초래한다.

등산을 하거나 많이 걸어서 다리가 아픈 것은 젖산이 분비되어 딱딱해지면서 피로감을 느끼기 때문인데, 이 근육경화는 어깨 걸림, 관절, 요통 등을 일으킨다. 또한 젖산은 혈관과 신경에도 달라붙는다. 그러면 신진대사가 제대로 되지 않아 노화가 빨리 오고 마음이 불안정해지며 자주 화를 내게 된다.

이때 식초 같은 유기산을 섭취하면 젖산을 인체에 무해한 물과 탄산가스로 분해하는 작용을 하기 때문에 몸의 피로가 빨리 해소된다.

식초 속 유기산은 우리 몸속에서 살균·해독 작용을 하며 항염증제인 부신 피질 호르몬의 원료가 된다. 아미노산, 사과산, 호박산, 주석산 등 60종류에 이르는 다양한 유기산들은 신진대사를 활발하게 해서 인간의 몸에 매우 유익하다.

또한 식초 속 구연산은 신진대사를 활발하게 하여 몸속에 낡은 물질을 남아 있지 못하게 한다. 구연산은 유기산의 일종으로 우리 몸의 산소 이용률을 높여주는 데 필요한 성분 중 하나다.

따라서 식초는 간 기능 저하로 해독되지 않고 몸 안에 쌓이는 각종 유해물질을 없애는 데도 도움이 된다. 술을 마실 때 식초가 들어간 안주를 먹으면 간장에 무리가 덜 가고 숙취를 방지할 수 있다.

식초와 같은 자연의 신맛은 옛날부터 몸의 영양을 좋게 하는 데 쓰였다. 또 공복일 때나 피곤할 때 마시면 중요한 에너지원이 된다. 동양의학에서 허약 체질을 개선하고 신진대사를 활발하게 하고자 할 때는 이 자연의 신맛을 이용했다고 한다.

백혈구의 면역기능을 높인다

세균이나 바이러스 같은 적과 싸우기 위해 우리 몸은 림프구라고 불리는 백혈구에 소집령을 내린다. 매일 100mg의 천연식초를 섭취하면 림프구를 많이 만들 수 있다. 식초가 바이러스에 대한 항생물질과 같은 작용을 하는 것이다.

더욱이 식초는 면역기능에 필요한 항산화제 글루타티온의 체내 수치를 끌어올린다. 유기산이 약간만 결핍되어도 몸의 면역력은 급격히 줄어드는데, 매일 천연식초를 섭취하면 적혈구의 글루타티온 농도가 50퍼센트 증가하며 노인의 백혈구를 생화학적으로 젊게 한다. 70대의 노인들이 매일 천연식초를 100mg 섭취한 결과 젊었을 때와 백혈구 수가 비슷해졌다.

또 식초에는 저항력을 유지하는 데 필수적인 아미노산이 포함되어 있다. 단백질을 구성하는 신체의 주요 성분인 아미노산은 그 종류가 다양한데, 그중 몇 종류는 몸속에서 만들어지지 않고 식품을 통해 얻어야 한다.

이것을 '필수아미노산'이라고 하는데, 필수아미노산이 없으면 조직의 보수나 발육이 되지 않는다. 천연식초에는 이런 필수아미노산이 풍부하게 포함되어 있어 위벽을 손상시키지 않고 살균 효과를 얻을 수 있다.

자연 살균 · 방부 · 해독 작용을 한다

식초에는 부패균을 없애는 기능이 있다. 소금이나 간장보다 살균력이 뛰어난데 그중에서도 식중독균, 장티푸스균 등을 죽이는 효과가 높아서 식중독을 방지하는 역할을 한다.

여름철 도시락에 식초를 약간 뿌려 두면 쉽게 쉬지 않는다. 또 이런 식초의 기능을 활용하여 초밥 등 여러 요리가 개발되기도 했다.

식초는 식품의 신선도를 유지해주기도 하지만 몸에 침입한 병균을 물리치는 힘을 가지고 있다. 식초에는 무좀 등 피부질환의 원인이 되는 백선균을 없애는 효과도 있다고 알려져 있다.

또한 구강과 소화기관의 유해균을 제거하는 역할을 한다. 구강에 있는 잡균, 즉 잇몸에 낀 음식물 찌꺼기를 유해산으로 바꾸는 부패균을 없애 잇몸 질환을 방지한다.

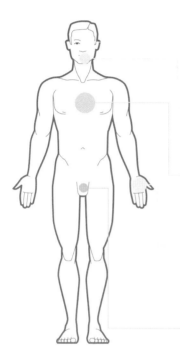

백내장의 발병을 억제한다
식초에 들어 있는 유기산은 망막을 씻어주는 역할을 하기 때문에 백내장의 발병을 막는다.

잇몸병을 막는다
유기산이 부족한 사람은 그렇지 않은 사람보다 3.5배 정도 빈번하게 잇몸 출혈이나 염증, 손상이 일어난다. 유기산은 비타민C를 많이 함유하고 있기 때문에 잇몸병을 예방하는 효과가 있다.

폐 기능을 강화한다
유기산이 많이 함유되어 있는 천연식초를 충분히 섭취하는 사람은 폐기종이나 만성 기관지염, 천식에 잘 걸리지 않는다.

아토피성 피부염에 효과가 있다
동양의학에서는 피부가 윤택한 것이 소화기능과 깊은 관련이 있다고 본다. 숙변을 제거해서 장을 깨끗하게 하는 천연식초는 아토피성 피부염에 효과가 좋다.

정자의 손상을 치유한다
유기산을 1일 5mg으로 제한한 남성의 정자는 활성산소에 의한 DNA 손상이 두 배가 되었다. 유기산의 복용량을 1일 60mg에서 100mg으로 늘린 결과 한 달도 채 되기 전에 정자의 DNA가 원래대로 돌아왔다.

기타 식초의 효능

쉬어가기 생강의 효능

음식의 양념뿐만 아니라 약재로도 널리 이용되는 생강은 내가 빚는 모든 식초에 필수적으로 들어가는 재료다. 나뿐 아니라 한국의 명문가에서 빚는 식초는 모두 생강과 엿기름이 혼합되어 있고 한약에도 생강은 꼭 들어간다.

한약의 필수 재료 생강

한방에서는 날것을 생강生薑, 말린 것을 건강乾薑이라고 한다.

생강은 혈액 순환을 돕고 몸을 따뜻하게 하며, 위장 기능을 강화한다. 또 기침이나 담을 없애고, 류머티즘 같은 근육 · 관절 질환을 개선한다.

최근에는 생강의 매운맛을 내는 성분이 항산화 작용을 하며 이것이 암 예방에 도움이 된다는 것이 입증되어 미국에서는 암 예방 효과가 높은 식품군에 들어가 있다.

또한 생강은 지용성이기 때문에 혈전을 용해하고 간장에 쌓이는 중성지방을 낮추는 효과가 있다.

생강차를 마시는 것은 숙취, 감기 초기 증상, 냉증에 좋은 민간요법인데 이것은 모두 우연이 아니며, 과학이 그 효능을 입증한다.

3

천연식초를
섭취한 몸의 변화

01 노벨상으로 입증된 항암효과

노벨상을 3회 수상한 천연식초

천연식초는 그 효능에 대한 연구로 3회나 노벨상을 수상한 건강식품이다.

처음 노벨상을 수상한 것은 1945년이다. 핀란드의 아르투리 비르타넨 박사는 "우리가 먹는 음식물을 소화·흡수하여 에너지를 만드는 것은 식초 속에 함유된 오기자로 초산이 주동적인 역할을 한다."는 사실을 발견해서 노벨 화학상을 수상했다.

그다음은 1953년이다. 영국의 한스 크레브스 박사와 미국의 프리츠 리프먼 박사는 "식초 속에 함유된 구연산 성분이 산소 이용률을 높여 젖산의 발생을 억제한다."는 연구 결과로 노벨 생리의학상을 받았다.

마지막은 1964년이다. 미국의 콘라트 블로흐 박사와 독일의 페오드르 리넨 박사는 "식초 속에 함유된 초산 성분이 현대 문명병의 원흉인 스트레스를 해소하는 부신피질 호르몬을 만들어준다."고 발표하여 노벨 생리의학상을 받았다.

구연산이 노화의 원흉인 젖산을 제거한다

세 가지 연구 중 자세히 소개해야 할 것은 두 번째인 크레브스 박사와 리프먼 박사의 연구다.

육체적 또는 정신적 노동을 해서 피로하거나 약, 주사, 술, 담배, 가공식품 등으로 장기에 부담을 주면 노화를 앞당기는 젖산이 생긴다. 젖산은 생리적 중간 대사산물로, 심한 운동을 할 때나 저산소 환경에서 산소공급이 불충분 할 때 생기는 피로 물질이다. 젖산이 몸 안에 많이 쌓이면 병이 생기고 결국 죽음이라는 길을 밟게 된다.

그런데 크레브스 박사와 리프먼 박사는 젖산의 피해를 줄여주는 획기적인 물질을 찾았다. 그것이 바로 식초 속에 함유된 구연산 성분이다. 식초가 병을 원천적으로 예방해주는 역할을 하는 셈이다.

그들은 처음에 세균 배양액 속에 식초를 조금 탔더니 세균이 왕성하게 증식하는 것을 발견했다. 그 과정을 자세히 관찰한즉 식초를 넣자마자 산소 소비량과 탄산가스 배출량이 증가해서 세균이 무럭무럭 자라고 번식했다.

이들은 산소를 흡수하는 우리 몸에도 식초를 투여하면 같은 현상이 일어나 세포가 무럭무럭 자라고 번식하지 않을까 하는 의문을 갖게 되었고 이를 실험으로 입증해내었다.

그전까지 인류는 인체가 섭취한 영양분이 체내의 어디에서 연소하여 에너지를 발생시키고 체온을 조절하는지 몰랐다. 그런데 크레브스 박사가 인류 역사상 처음으로 그것을 해명한 것이다. 크레브스 박사에 의하면, 인체가 음식물로 섭취한 포도당은 세포 내에 있는 미토콘드리아에서 산소와 합작하여 연소하면서 생성되는 에너지로 살아간다고 한다.

한스 아돌프 크레브스1900~1981

그 과정 중에 산소가 제대로 공급되지 못하면 연소하다가 남은 찌꺼기인 탄산가스와 물이 세포 밖으로 배출되지 못하고 축적되어 온갖 질병이 발생한다. 암을 비롯한 각종 문명병은 모두 산소 부족이 원인이다. 즉 산소가 부족해 영양분이 제대로 연소하지 않고 그 찌꺼기인 탄산가스와 물이 배출되지 못해서 병이 생기는 것이다.

그런데 식초가 산소 공급을 증대하고 탄산가스 배출을 원활하게 해주니 건강에 얼마나 큰 공로자인가? 만일 식초가 산삼과 같이 희귀하다면 식초 한 병에 산삼 만 뿌리 이상의 값어치가 있을 것이다.

크레브스 박사는 수많은 실험 끝에 드디어 이러한 의문에 대한 답을 얻었다. 그리고 그의 연구 업적은 노벨상으로 입증되었다.

크레브스 회로이론

우리가 먹는 탄수화물은 타액이나 장액에 의해 소화되고 그 일부는 간장으로 들어가 글리코겐으로 저장된다. 글리코겐은 필요에 따라 포도당으로 변하는데, 간에서는 이 포도당을 연료로 하여 '초성 포도산'이라는 물질을 만들어낸다.

초성 포도산은 아세틸조효소A가 되고 체내에 있는 오기자로초산과 반응해서 구연산으로 변한다. 이 구연산은 여러 가지 화학반응을 일으키면서 다시 오기자로초산으로 되돌아가는데, 이렇게 대사물질이 구연산과 오기자로초산으로 화학반응을 일으키면서 빙글빙글 돌아가는 과정을 '크레브스 회로'라고 한다.

크레브스 회로가 한 바퀴 돌았을 때, 초산은 완전히 연소하여 탄산가스와 물이 되고 그 과정에 있던 에너지가 방출되어 찌꺼기가 하나도 남지 않게 된다.

하지만 격심한 운동 등으로 체내의 오기자로초산이 부족해지든지, 활성초산의 생산이 제대로 되지 않으면 이 회로가 잘 돌지 않게 된다.

이렇게 되면 신진대사 사이클이 그곳에서 멎는 동시에 초성 포도산이 젖산이 되는 엉뚱한 일이 벌어진다. 이때 늘어난 젖산은 혈액을 산성화시키고, 근육 단백질이 굳어져 어깨가 뻐근해지며, 요통이 일어나고, 온몸에 피로를 느끼게 된다.

피로와 노화의 원인이 되는 젖산을 체내에서 빨리 처분하려면 크레브스 회로에 관계되는 오기자로초산, 구연산, 초산을 먹어야 한다. 이 세 가지를 모두 함유한 식초는 매우 뛰어난 피로회복제이며, 영양분을 에너지로 바꾸는 숨은 공헌자다.

독특한 신맛을 지닌 식초는 실제로 피로회복제로서의 효능이 커서 과거부터 널리 이용되었다. 운동을 심하게 하거나 땀을 흘린 다음 새콤한 천연식초를 마시면 신기하게 피로가 가신다.

식초는 값싼 천덕꾸러기가 아니라 인류 최고의 건강식품이며 발효공학의 진수다.

우리 몸에 유익한 것은 깊은 산 속에 묻혀 있는 산삼과 같이 희귀하고 비싼 것이 아니라 그와는 정반대인 곳, 즉 우리와 가까운 곳에 있고 값이 싸거나 공짜로 얻을 수 있는 것들 가운데 숨어있기 마련이다. 그래서 진시황도 불로장수약을 구하지 못하고 단명하고 만 것이다. 불로장수약이 아주 가까운 곳에 있다는 것은 꿈에도 생각하지 못했을 것이다.

암은 산소 부족이 원인

아무리 공기 좋은 곳에 살아도 운동하지 않으면 몸 안의 60조 개나

되는 세포 깊숙이 산소가 스며들지 못한다. 산소는 생명유지에 가장 중요한 것이다. 영양공급보다 훨씬 중요하다. 지금 당장 몇 분 동안 숨을 멈추어보라, 바로 산소의 중요성을 알 수 있을 것이다.

암은 체내에서 산소를 적절히 이용하지 못한 결과 발생하는 질병이다. 물론 암뿐만 아니라 만성 퇴행성 질환 대부분이 산소 부족에 의한 질병에 해당한다.

암 발생의 산소 부족설을 주장한 사람으로는 독일의 생화학자이자 암 발생설로 1931년 노벨 생리의학상을 수상한 하인리히 바르부르크 박사가 있다.

그는 암세포의 발생은 산소 부족이 원인이라며 다음과 같이 단정을 지었다. "암세포의 발생은 확실히 산소 부족 때문이다. 산소로 생명을 이어가는 생명체에 산소가 부족해지면 모든 세포가 변화를 일으킨다. 특히 동물의 체세포는 산소가 공급되는 평시에는 산소를 활용하는 이화작용異化作用을 하여 에너지를 얻는다.

하지만 산소가 공급되지 않을 때는 산소를 활용하지 않는 해당작용解糖作用을 하여 에너지를 얻는다. 유산소 생활에서 무산소 생활을 하는 것인데 해당작용을 할 때 변화된 세포의 핵의 구조를 보면 암세포 핵의 구조와 일치한다."

이밖에 캐나다 몬트리올 의학부의 셀리에 교수 또한 암과 산소 부족의 상관관계를 설명하는 스트레스 학설을 발표한 바 있다.

"혈관을 가볍게 묶어 생체 장기에 들어오는 혈액의 양을 줄이면 그 장기에 병적인 변화가 일어난다. 그뿐만 아니라 산소 운반체인 헤모글로빈의 공급량이 줄어들어 전신에 산소 부족 현상이 일어나게 된다."

이에 따르면, 혈액순환이 원활치 못해 발생하는 암, 고혈압, 당뇨병, 심장병 같은 문명병을 앓는 모든 사람은 만성적인 산소 부족증에 빠지게 된다.

만병일원론萬病一原論, 즉 모든 병이 한 가지 원인으로 생긴다고 주장하는 세계적 병리학자인 노구치 히데요 박사 또한 다음과 같은 주장을 했다.

"일반적으로 체내의 산소 부족으로 암이 발생한다는 것은 학계 정설이다. 건강할 때는 체내의 모든 기관이 정상적으로 기능을 발휘해 약간의 산소 부족증이 발생해도 정상 세포의 유전자는 손상을 입지 않는다. 손상을 입더라도 인체의 자연치유력으로 바로 정상으로 복원된다.

그러나 산소가 부족한 상태에서 발암물질이 외부에서 지나치게 많이 들어오거나 체내에서 넘치게 많이 생성되면 문제가 생긴다. 인체는 이들을 분해하고 해독하는 능력에 한계가 있어 유전자에 상처를 입게 된다. 그러면 암으로 이어진다. 문제는 외부에서 생긴 발암인자보다 음식물 소화과정 중 체내에서 만들어지는 발암물질이다.

체내에 산소가 충분히 공급되면 신진대사가 원활하게 이뤄지고 노폐물을 적기에 분해·배설하여 문제가 없지만, 인체에 산소가 부족하면 이러한 신진대사에 이상이 생겨 발암물질이 쌓이게 된다.

만 가지 병은 한 가지 원인에서 발생한다. 그 원인은 바로 산소 부족이다."

암세포는 산소를 싫어한다

암세포는 저산소 세포이므로 산소를 싫어하고 이산화탄소에 의지해 생활한다. 또 포도당을 불완전하게 분해하므로 포도당을 많이 소비하게 한다. 그 분해 과정이 불완전하기에 자연적으로 신진대사 단계에서 산성 독성물질이 계속 축적된다. 그 결과 혈액이나 체액이 산성화되고 암세포가 더욱 성장하게 된다.

혈액이나 체액이 산성화되면 산소 운반능력이 떨어져 정상 세포는 살기 어려운 환경이 된다. 암세포는 스스로 살 수 있는 생활조건을 만들고자 정상 세포를 파괴할 뿐만 아니라 모든 신진대사 과정을 자기에게 맞는 환경으로 바꾸어버린다.

그 영향으로 정상적인 식사를 지속하는데도 암이 악화되면서 빈혈이 생기며, 피부는 잿빛이 도는 누런색을 띠고, 전신이 야위며, 눈꺼풀이나 발에 부종이 생기는 악액질 상태에 접어든다.

암성 악액질이 심해지면 간이나 신장에서 불필요한 산성 독성물질을 해독·여과하는 역할이 한계에 도달하여 장기 기능도 떨어진다. 따라서 암성 악액질을 제거하는 것이 암 치료의 출발이다. 암성 악액질을 제거하려면 무엇보다 암세포가 가장 싫어하는 산소를 공급해야 한다.

정상 세포가 산소 없이 생활할 수 없는 것처럼 암세포는 이산화탄소 없이 생활할 수 없다. 유산소 운동으로 혈액순환을 원활하게 하고, 천연식초에 함유된 구연산 성분을 마셔 미세혈관 속까지 산소를 공급하면 암세포는 산소중독증에 걸려 죽게 된다.

02 천연식초가 동맥경화를 막는다

우리 몸의 가장 위대한 기관 장

아메바는 인간에 비하면 구조가 지극히 단순한 생명체다. 그러나 몸 밖의 음식물을 세포막을 통해 몸속으로 흡수하면서 삶을 영위하는 것은 인간과 크게 다를 바 없다. 이런 점에서 인간은 우주에 사는 하나의 생명체에 불과하다는 사실을 알아야 한다.

우리가 음식을 먹으면 음식은 소화작용을 통해 한 차원 더 높은 생명물질로 발전한다. 장의 점막에 둘러싸여 흡수된 음식은 우리 몸속을 에너지원으로 돌아다니다가 다시 세포, 적혈구와 같은 극히 원시적인 생명 세포로 만들어진다.

이 작용은 일찍이 지구상에서 행해진 생명 탄생의 축소판이다. 원시 지구 시대에 무기질에서 유기질로, 유기질에서 단백질로, 그리고 이 단백질이 융합되어 태초의 생명이 탄생한 것이다. 이 생명 탄생의 역사가 날마다 우리 몸속에서 되풀이된다니 얼마나 놀라운가!

우리는 무심히 음식을 먹지만 장에서는 새로운 생명체를 만들어 내기 위한 작업이 진행되고 있다. 소화란 이와 같이 매우 역동적인 활동이며, 따라서 장의 피로도 크다.

인간은 피로를 풀기 위해 잠을 잔다. 보통 수면은 두뇌를 쉬게 하는 시간이라고 생각하지만 사실은 그렇지 않다. 평소 잠을 잘 때 두뇌는 에너지 소비가 적기 때문에 일반적인 수면 시간인 여덟 시간이나 쉴 필요는 없다. 잠을 자는 주요 목적은 우리 몸의 장기 중에서 가장 고생하는 장을 쉬게 하는 것이다.

장은 자율신경의 영향을 받기 때문에 잠을 잘 자지 못하면 과민성 대장 증후군이 생긴다. 해가 지면 휴식을 취하고 밤이 되면 잠을 자야 한다. 자정부터 4시까지는 귀신이 잡아가는 시간이라는 말도 있지 않은가.

입에서 항문에 이르는 인간의 소화관 벽은 몸 밖에 있는 것이나 마찬가지라고 볼 수 있으며 생물학적으로도 그렇게 구분된다. 몸 바깥의 음식을 만나는 곳이기 때문이다. 인간의 장 표면적은 피부의 200배에 달하는데, 그래서 몸 바깥의 세계와 접하는 최대 장소는 피부가 아니라 장이라 할 수 있다.

우리는 아프거나 힘들 때 얼굴을 찡그린다. 하지만 우리의 몸이 짓는 진정한 표정은 얼굴이 아닌 장에 나타난다. 피부를 곱게 하려고 노력하기보다는 장을 곱게 하라. 그래야 미인이 된다. 장의 표정을 험악하게 만드는 3대 요인은 지방 과다섭취, 젖산균 부족, 스트레스다.

동물성지방을 녹이는 식초

지방 과다섭취 문제를 살펴보자. 지방에는 동물성지방과 식물성지방이 있다. 동맥경화를 일으키는 포화지방산은 동물성지방에 많이 들어있고, 반대로 동맥경화를 억제하는 불포화지방산은 식물성지방에 많다. 동물성지방을 많이 섭취하면 포화지방산을 많이 섭취하게 되어 고지혈증이 생긴다.

한국인은 대부분 쇠고기, 돼지고기, 닭고기 등에서 동물성 지방을 얻는데, 이들 동물의 체온은 소가 $38\sim39.5\degree C$, 돼지가 $38\degree C$, 닭이 $41.7\degree C$ 등으로 사람보다 높다. 따라서 동물보다 체온이 낮은 인간의 몸속에 들어온 이 동물들의 지방은 잘 녹지 않게 된다.

우리의 장은 잘 녹지 않는 이들 지방을 어떻게든 녹여서 흡수하려고 하는데 이 때문에 장에 무리가 온다. 그래도 녹질 않으니 결국 장은 간에 구조신호를 보낸다.

간은 지방을 분해해서 흡수시킬 수 있는 성분인 담즙산을 대량으로 분비한다. 농도가 진한 담즙산이 대량으로 방출되면 간장이 지쳐 담낭염, 담석증이 생기고, 마침내 세포의 변조가 일어나 췌장암 등이 생길 수 있다.

암의 원인에 관해서 여러 가지 이야기가 있지만 발병 포인트는 장에 있다. 장 속 세균의 상태가 조화를 잃어서 혈액이 더러워지고 각종 염증이 생기며, 간에서 완전히 해독되지 못한 독소가 혈액 속으로 흘러 들어가서 간경변증과 신부전증을 일으킨다. 췌장암을 비롯한 모든 암이 위와 같은 과정으로 일어난다.

동물성지방의 과다로 인해 장에서 일어나는 이런 문제들은 식초 하나로 해결할 수 있다. 간단하게 실험을 해보면 알 수 있다. 기름이 엉기는 곰탕에 식초를 한 숟가락 타보는 것이다. 곰탕 속 기름은 식초를 넣자 얼마 안 가 기름이 풀려버린다.

우리가 고지방 음식을 먹은 후 습관적으로 식초를 마시면 대장이 지방을 녹이지 못해 무리를 하고 간장이 담즙을 대량으로 방출하며 고통스러워질 일이 없어진다.

장 환경을 가꾸는 젖산균과 식이섬유

직장 생활을 하는 현대인에게 암이 자주 발생하는 것은 흰 쌀, 흰 밀가루, 흰 소금, 흰 조미료, 흰 설탕과 같은 식이섬유가 부족한 오백식품을 소화·흡수하는 과정에서 농축된 발암물질이 직장의 점막과 오래 접촉하기 때문이다.

대사 찌꺼기가 쌓인 장은 결코 청결한 곳이 아니다. 발암물질을 신속하게 배출하지 못하게 하는 변비는 집을 팔아서라도 고쳐야 하는 큰 병이다.

발효효소가 들어간 식초를 많이 섭취하면 장 속 젖산균의 활동이 활발해져, 고기, 설탕, 알코올, 니코틴으로 인해 늘어났던 장 속에 유해균을 청소하기 시작한다. 통곡물과 야채에 많이 들어 있는 식이섬유도 젖산균의 활동을 돕는다.

유익균까지 죽이는 헬리코박터균 사멸약

과식도 하지 않았고 음식물에도 이상이 없는데 설사를 할 때가 있다. 운동이 부족하고 스트레스가 쌓여 장이 피곤할 때 곧잘 일어나는 현상이다. 설사는 장이 독자적으로 판단해서 지휘하는 대청소 작업이다.

그렇다고 장을 물로 세척해버리면 나쁜 균은 물론 좋은 균도 사라진다. 장에는 담즙, 세균, 대변 등이 균형 있게 존재함으로써 건강이 유지된다. 장세척은 장의 면역력을 약화시키고 장의 점막도 얇아지게 해서 세균에 무방비로 노출되게 만든다.

이와 비슷한 경우를 위 건강과 관련 있는 헬리코박터 파일로리균의 예에서도 살펴볼 수 있다.

위액에는 위산과 소화효소인 펩신이 들어있다. 위산은 pH 1~2의 강력한 산성으로 소화 흡수를 돕고 살균작용도 한다. 위산이 제대로 활동하면 소화성 궤양인 위궤양, 십이지장궤양의 원인이 되는 헬리코박터균 등은 사멸된다.

그런데 이러한 위산의 기능이 제대로 발휘되질 않으니 헬리코박터균이 날뛰게 되고, 인간은 이를 해결하기 위해 '헬리코박터균 사멸약까지 만들어 먹게 된다. 하지만 헬리코박터균 사멸약은 헬리코박터균뿐만 아니라 음식 속 효소와 장속 유익균까지 죽여버리니 헬리코박터균으로 인한 피해는 막았더라도 면역력과 장 환경이 나빠져 더 큰 병마를 얻게 된다.

과학자들이 많은 노력을 기울여 치료제를 개발해도 몸속의 자연 치료제보다 못하다. 이것이 인간의 한계다.

장내 미생물은 또 하나의 장기

장의 기능을 건강하게 유지한다는 것은 장 속 세균이 균형을 이루는 것이기도 하다. 우리의 장내에는 무수한 미생물이 살고 있는데, 이 장 속 세균의 상태에 따라 그 사람의 건강이 좌우될 만큼 장내 미생물은 중요하다. 장내 미생물은 '또 하나의 장기'인 것이다.

장 속에서 젖산균의 활동은 절대적이다. 식중독을 예로 들면, 장 속에 젖산균이 충분히 번식해 있을 때는 조금 썩은 생선을 먹어도 아무 탈이 없다. 콜레라균이나 이질균 등은 젖산균의 살균 작용으로 간단히 없앨 수 있기 때문이다.

똑같은 생선회를 먹어도 식중독으로 죽느니 사느니 하는 사람이 있는 반면에 아무렇지도 않은 사람이 있다. 이 또한 장 속의 젖산균 때문이며, 이것이 바로 면역체계의 척도다. 암이나 중풍에도 걸리지 않고 장수하던 노인 중 상당수가 식중독 때문에 일어나는 토사곽란으로 죽는다. 참으로 어이없는 일이다.

젖산균의 제왕 천연식초

나이가 들수록 식초, 된장, 김치 같은 발효식품을 많이 섭취해야 한다. 특히 천연식초의 초산균은 그 자체로 소화효소가 되며 위산의 역할을 대신하고, 각종 부패균을 5분 안에 살균시키는 놀라운 능력을 지닌 젖산균의 제왕이다.

장 건강은 몸에 맞는 식생활과도 관계가 있다. 서양인은 고기를 많이 먹고 한국인은 된장, 김치를 많이 먹는다. 한국인과 서양인이 가장 다른 점은 식생활인데, 이 식생활 체계는 민족의 독자적 문화나 체질 형성과 깊은 관계가 있다. 이 체계를 벗어난 식생활은 반드시 병과 고통을 일으킨다.

서양 인삼은 한국의 가을 무보다 못하다. 또한 한국의 인삼을 일본 땅에 심으면 당근 같은 모양이 된다. 몸과 흙은 두 개가 아니라 하나이다. 자기가 사는 땅에서 기원하여 그곳에서 나는 농산물이 그곳에 터를 잡고 산 인간의 체질에는 가장 잘 맞는 것이다.

"하늘의 보배는 가장 가깝고 흔한 것 속에 숨겨져 있다."는 말이 있듯이 가장 뛰어난 효능을 발휘하는 식품은 바로 가까이는 식초라는 것을 알아야 한다.

03 효소를 섭취하여 혹사된 간을 쉬게 하라

인생의 슬픔을 뒤집어쓰는 간

우리나라처럼 사회 흐름이 자주 바뀌고, 일관성이 유지되지 않는 나라도 찾아보기 어렵다. 흥망이 뒤집히는 속도가 이렇게 빠른 사회는 역사상 그 어디에도 없다. 그 속도만큼 스트레스도 증가하고 사람들의 간에 저미는 아픔도 크다. 아픈 만큼 성숙해지는 것이 아니라 아픈 만큼 간 질환에 의한 사망률이 높다.

아무리 '불혹不惑'하고 '지천명知天命'에 산다 해도 당장 사업이 무너지고 실업자가 되면 자기 능력이나 수양으로는 도저히 감내할 수 없다. 한계점이니, 분수니 하는 것도 누가 눈에 보이게 분명히 선을 그어놓은 것도 아니다. 결국 모두가 쓰러질 때까지 뛰어갈 수밖에 없는 것이다. 한국의 40~50대 남성의 70퍼센트가 간질환으로 사망한다. 암과 중풍은 60대 이후에 많이 발생하니 암과 중풍으로 죽는 환자는 그나마 간경변증으로 죽는 환자보다는 덜 억울하다.

소화와 대사에 필요한 물질을 생성하는 간

인간의 간세포는 3천억 개쯤 되며, 이 세포들은 지금까지 밝혀진 것만 3백만 건이 넘는 화학 공정을 수행하는 '초소형 복합 화학공업 단지'를 이룬다. 이처럼 복잡한 간의 기능은 크게 혈당 농도 조절, 단백질 합성, 지방의 합성과 분해, 해독 및 배설 작용으로 나누어진다. 소화 및 대사에 필요한 갖은 물질을 간에서 생성하는 것이다.

간은 인체에서 가장 큰 장기다. 인체의 거의 모든 장기는 동맥에서 피를 공급받아 정맥으로 내보내는데, 간은 예외로 '간동맥'과 함께 '문정맥'이라는 장에서부터 연결되는 정맥을 통해서도 혈액이 들어온다.

간동맥으로는 산소가 풍부한 동맥피가 유입되고 문정맥으로는 장에서 흡수된 영양분을 잔뜩 실은 정맥피가 공급된다. 두 혈관은 간 속에서 점차 가늘어져 실핏줄로 이어진다.

문정맥은 신체가 서 있으면 위로 혈액이 올라가야 하는 구조이므로 서 있을 때 순환이 원활하지 못하다. 간이 약한 사람은 물론 건강한 사람도 점심식사 후 10~30분 정도 눈을 감고 누워 있으면 문정맥의 혈류량이 증가해서 간 건강에 좋다.

간세포는 밭이랑처럼 길게 늘어서 있는데, 이랑 사이에 파인 골을 따라 실핏줄이 지나간다. 다른 실핏줄과 마찬가지로 간의 실핏줄은 산소와 영양분을 간세포에 공급하고 간에서 만든 물질을 받아 다른 장기로 보내는 임무를 수행한다.

간이 안 좋으면 눈이 나빠진다

간이 나쁘면 먼저 눈이 나빠진다. 사물을 인식, 판단하고 정보를 수집하기 위해 많은 양의 에너지를 소비하는 눈은 간으로부터 비타민 A 등의 물질을 공급받는다. 그런데 간이 자신의 세포에 들이닥치는 유독물질을 해독하기 힘겨워지면 눈에 필요한 물질을 충분히 공급하지 못하는 경우가 생긴다. 간이 나쁘면 외관상으로도 눈의 흰자위가 누레지고 눈이 광채를 잃는다.

피부가 장을 비추는 거울이라면 눈은 간이 밖으로 나타난 것이다. 간 기능이 약화되면 눈이 침침해지고 야맹증이 생기며, 불빛 둘레에 무지개같은 홍륜이 보이는 녹내장이나 눈의 수정체가 회백색으로 흐려져 마침내 실명하게 되는 백내장 등이 발생한다. 눈을 좋게 하는 방법은 비타민, 미네랄 따위를 먹는 것이 아니라 간을 편하게 하는 것이다.

칼로리를 중요시하는 서구 영양학을 맹신하면서 육식과 가공음식을 지나치게 섭취하다보면 간장에 무리가 오기 때문에 녹내장, 백내장이 생기고 간장에 돌도 생긴다. 간이나 신장에는 원래 돌이 생길 이유가 없다.

질병을 치유하려면 원인을 잡아야 한다

사람들은 염증 부위가 부어있는 것을 보고 세균의 번식에 의해 부었다고 생각하는 경우가 많다. 하지만 장기 조직이 염증으로 부어있는 것은 일반적으로 세균의 번식과 팽창에 의해서가 아닌 해당 부위에 혈액이 집중되어 붓는 것이다.

우리 몸이 염증 부위에 혈액을 집중시키는 이유는 간단하다. 해당 부위에 많은 백혈구와 림프구를 보내어 염증을 일으키는 세균과 바이러스를 잡기 위해서다. 수영을 하다 눈이 충혈되는 것 또한 눈에 들어온 균을 백혈구와 림프구로 제거하기 위해 많은 양의 혈액을 동원하기 위해서다.

이때 눈이 충혈됐다고 혈관 수축제의 일종인 안약을 잘못 투여했다가는 백혈구와 림프구가 들어갈 길이 막혀 세균이 빠르게 번식해 오히려 좋지 않을 수도 있다. 몸은 자연치유력을 발휘하여 염증의 원인을 잡고자 하는데 우리는 겉으로 나타난 증상만을 해결하고자 엉뚱한 약을 먹어 염증을 악화시키는 것이다.

어항 속에 사는 물고기가 죽는 이유 대부분은 물이 오염되어서다. 물이 오염되면 물고기 내장이 오염된다. 물이 오염되어 비틀거리는 물고기에게 약을 주고, 주사를 놓고, 간을 수술해봤자 아무 소용없다. 물을 갈아주면 되는 것이다.

간염은 간에 염증이 생겨 부어있는 것이다. 하지만 사람들은 간에 생긴 염증을 해결하기 위해 병원에 가 항생제와 소염제로 이뤄진 약을 처방받아 먹는다. 염증과 붓기는 사라질지 몰라도 약으로 인해 간의 스태미나 자체는 더욱 떨어져 악순환이 반복된다.

어떤 사람은 간에 좋다는 약초와 굼벵이, 지네, 뱀 등을 달여 먹기까지 한다. 그러나 식용으로 사용되지 않는 약초일수록 약간의 독성을 포함하고 있다. 쇠약하고 간 건강을 이미 잃은 사람이 이런 약을 함부로 먹는다면 간을 더 혹사시키는 결과를 초래한다. 이처럼 몸이 아픈 원인을 짚지 않고 내리는 비방은 명을 재촉할 뿐이다.

간 악화의 원인은 위와 장에서부터 시작된다. 위와 장에서 음식물이 잘 소화되지 못해 에너지 공급이 불충분하면 뇌 건강이 나빠지고, 뇌가 나빠지면 자율신경계가 무너진다. 자율신경계가 나쁘면 심장과 신장에 제대로 된 명령을 내리지 못해 심장은 혈액순환을 더디게 시키고 신장은 혈액을 제대로 투석하지 못한다. 혈액이 더러워지면 간이 안 좋아지는 것이다.

그렇다면 위와 장은 왜 소화를 제대로 시키지 못하는 것일까? 사실 위와 장에서 제대로 소화를 시키지 못하는 것은 간이 제 역할을 못해서 이기도 하다. 간이 음식물을 소화시킬 때 필요한 각종 효소를 제대로 공급하지 못하기 때문이다.

즉 위와 장이 제 역할을 잘못하니 건너건너 간이 나빠지고 간이 나빠지니 위와 장이 제 역할을 못하게 되는 것이다. 이처럼 우리 몸의 각 기관은 서로가 서로에게 영향을 미치는 순환고리의 형태를 띠고 있다.

발효식품으로 악순환의 고리를 끊는다

다만 부족한 간의 역할은 우리가 식품을 통해 효소를 섭취함으로써 대체할 수 있다. 간이 나빠 효소가 제대로 분비되지 않더라도 식품을 통해 효소를 섭취하면 위와 장에서 음식물을 잘 소화시킬 수 있는 것이다.

그렇게 해서 위와 장에서 소화가 잘 되면 뇌로 에너지가 잘 전달되어 뇌 건강이 회복되고, 자율신경계를 통해 심장과 신장에 명령이 잘 전달되어 혈액은 깨끗해진다. 깨끗해진 혈액은 간이 스스로를 회복시킬 수 있는 환경을 조성한다.

간을 편하게 쉬게 하기 위해서 간의 역할을 대신할 효소를 섭취할 필요가 있다. 순환고리를 따라 건강이 나빠지는 악순환을 끊을 수 있는 열쇠가 바로 음식으로 섭취하는 효소, 즉 효소가 잔뜩 들어간 식초에 있는 것이다.

이렇게 이야기하면 너무 복잡하다고 느낄 것이다. 간 하나만 연구해도 제대로 알지 못하는데 몸 전체를 안다는 것은 불가능한 일처럼 느껴진다.

그러나 그렇지 않다. 전체를 보아야 부분을 더 잘 알 수 있는 것이다. 모든 난치병 환자는 간이 약하다고 한다. 간 건강을 바로 잡을 수 있다면 우리 몸 전체를 건강하고 조화롭게 만들 수 있다.

04 배설을 잘해야 병에 걸리지 않는다

순환 장기와 배설 장기

우리 몸을 자세히 보면 횡격막을 기준으로 위에 장기가 세 개, 아래에 장기가 세 개가 있다.

위에 있는 세 장기는 뇌와 폐, 심장인데 이들은 에너지를 순환시키는 순환 장기다. 심장은 피를 순환시키고, 폐는 공기를 순환시키고, 뇌는 신경을 순환시킨다.

아래에 있는 세 장기는 간장, 신장, 대장인데 이들은 불순물을 걸러내는 배설 장기다. 이들을 자세히 소개하자면 중금속 및 병균을 씻어내는 간장, 핏속 더러움을 씻어내는 신장, 입으로 들어가는 음식 중에서 몸에 필요하지 않은 찌꺼기를 배설시키는 대장이 있다.

그런데 모든 병은 아래 세 장기, 즉 배설 장기가 제 역할을 다하지 못해서 발생한다. 신진대사 과정에서 생기는 필요 없는 물질이나 유독한 물질을 깨끗이 배설하지 못할 때 배설 장기에 먼저 병이 생기고, 그로 인해 순환에 장애가 일어날 때 순환 장기에도 병이 생기는 것이다. 이러한 구조를 이해한다면 아래 장기를 위 장기보다 더 활성화시켜야 한다는 것을 이해할 것이다.

심장보다는 신장이, 뇌보다는 대장이 더 건강해야 하며, 폐보다는 간에서 더 많은 에너지를 생산해야 건강해지는 것이다. 이것이 건강의 첫걸음이다.

스트레스를 받을 때 배설 장기가 외면받는다

몸속에 있는 장기의 운동을 지배하는 것은 다름 아닌 마음이다. 남을 속이거나 쓸데없이 시비를 걸어 남을 해치고 나면 심장이 몹시 뛴다. 이때 몸 상태는 자율신경이 심장으로 모든 에너지를 보내어 두근두근 빨리 뛰게 한다. 이로 인하여 스트레스를 받은 심장에는 부정맥_{불규칙한 심장의 운동}이 유발되기도 한다.

하지만 그보다 더 큰 문제는, 그로 인해 아래쪽에 있는 신장은 질식해서 뛰지 않는다는 것이다. 그러므로 불안과 초조가 반복되면 심장이 망가지는 동시에 보다 약한 구조인 아래쪽의 신장 기능이 먼저 약화되어서 피가 더러워질 수밖에 없다.

분노가 지나치면 전신의 기운이 거꾸로 올라가서 얼굴이 벌겋게 되거나 눈이 침침해진다. 그리고 혈액이 기를 따라 움직여 피를 토하거나 코피가 터지기도 한다. 극심한 분노로 뇌출혈을 일으키며 쓰러지는 것도 기를 따라 혈액이 거꾸로 올라가기 때문이다.

평소에 지나치게 화내는 일이 많으면 기혈이 폐로 몰리는 현상이 나타나고, 폐가 더 많이 활동해서 항상 숨이 차고 호흡이 고르지 않은 상태가 된다. 그리고 그런 만큼 간에서 해독하는 기운은 억눌리게 된다. 분노는 간에 직접적인 영향을 미친다.

또한 도시처럼 공기가 나쁘면 폐는 산소를 얻기 위해서 더 많은 에너지가 필요해진다. 활동할 에너지를 폐에 빼앗긴 간은 그 기능이 점점 약해진다.

또한 현대인의 업무 스트레스와 도시의 복잡한 인간관계는 뇌를 지치게 한다. 그렇게 되면 뇌에서 에너지를 다 사용하느라 위와 장에서 사용할 에너지가 부족해진다.

몸으로 들어오는 나쁜 것들을 막아라

이를 해결하기 위한 답은 결국 우리 몸에 악영향을 미치는 요소들을 차단하는 방법밖에는 없다. 마음을 잘 다스려야 건강장수 할 수 있는 법이다.

원만한 인간관계의 첫걸음은 다름을 인정하는 데에 있다. 인간은 기본적으로 남도 나와 같다고 생각한다. 바람기 많은 남자는 자기 아내도 의심하는 법이다. 또한 공격적인 성향을 지닌 사람일수록 자신이 남을 해치려 하니 남도 나를 해칠 것이라는 불안과 공포 속에 산다. 그러다 보면 질병에 취약한 체질이 된다.

다른 사람은 나와 다르다. 그렇기 때문에 다른 사람이다. 내게 소중한 것이 남에게 소중하지 않을 수 있고 내가 예의라고 생각하는 것이 그에게 예의가 아닐 수 있다. 상대방의 생각과 가치관을 존중하며 사는 것이 자신의 마음을 편하게 하는 방법이다. 마음을 편하게 해야 건강해질 수 있다.

공기가 오염되면 물이 따라서 오염되고, 물이 오염되면 체액도 오염되어서 결국 몸속의 순환을 유지하는 신경, 피, 장기가 오염되어 사람도 죽게 된다. 몸 안으로 들어오는 나쁜 공기와 물질을 차단해야 한다.

하지만 도시에 살면서 깨끗한 공기와 깨끗한 물을 마신다는 것은 사실 매우 어렵다. 그렇다면 어떻게 해야 하겠는가? 정답은 몸안으로 들어온 오염된 물질을 빠르게 배설시키는 데에 있다. 잘 생각하면 불가능한 것 같은 문제도 쉽게 해결할 수 있다.

우리 신체는 혈관과 장기를 깨끗하게 유지할 필요가 있을 때 자연적으로 신맛을 찾게 된다. 신맛의 대명사인 식초를 필요로 하는 것이다.

임신 초기 3개월은 유산의 위험이 있기 때문에, 본능적으로 산모는 입덧을 하여 기름이나 피로 만든 음식은 피하고 피를 맑게 하는 호르몬의 원료가 되는 새콤한 유기산을 찾는다. 그리하여 산모는 천연식초나 새콤한 김치, 과일을 먹으며 자신과 아기의 건강을 유지한다.

만성간염으로 간세포가 파괴되고 간에 독성이 쌓인 환자 또한 식초를 탄 새콤달콤한 꿀물이 저절로 마시고 싶어진다. 흡연과 음주에 절여져 정력이 부족해진 남성 또한 신맛이 당긴다.

몸안에 오염된 물질을 많이 가지고 있는 사람일수록 신맛을 찾는다. 그 이유는 우리 몸이 천연식초와 그 속의 유기산을 먹어 우리 몸으로 들어온 오염된 물질을 어서 배설시키라 명하기 때문이다. 이와 같이 오염된 공기와 물도 천연식초를 마시면 상당 부분 해결할 수 있다.

설탕의 비밀

지금까지 자연식 애호가들은 흑설탕을 사용해왔다. 흰 설탕은 탈색하는 과정에서 인공 첨가물을 넣으므로 원재료에 가까운 흑설탕이 자연적이라고 믿었기 때문이다. 그러나 이는 잘못된 상식이다.

외국에서 수입한 원당은 노란색이나 암갈색을 띤다. 여기에 정제과정을 거쳐 처음으로 나오는 것이 순도 99.9퍼센트의 백설탕 정백당이다.

이 흰 설탕을 시럽으로 만들어 재결정 과정을 거치면 열에 의해 갈변화하면서 흰 설탕 안에 있던 원당의 향이 되살아나는데 이것이 황설탕 중백당이다.

순도는 흰 설탕보다 떨어지나 원당의 향이 들어있고 노란색이어서 커피에 넣는 용도로 많이 쓰인다.

시중에서는 흑설탕도 팔리고 있다. 제당 회사에서 나온 흑설탕은 삼온당이라고 하는데 이 삼온당은 황설탕에 캐러멜을 첨가해 색깔이 더욱 짙게 보인다. 독특한 향과 색상 때문에 수정과나 약식 등에 이용한다.

그런데 문제는 캐러멜이 왜간장이나 초콜릿 등에 첨가되는 문제가 많은 발색제라는 점이다.

천연 그대로의 설탕은 나쁘지 않다. 그러나 설탕의 진위를 분간할 수가 없게 된 소비 현실이 문제다.

따라서 간이 나쁜 사람이 특별히 약용으로 식초를 마실 때는 설탕이 아니라 천연 벌꿀을 사용해야 한다. 내가 초밀란의 단맛을 낼 때 설탕이 아닌 순도 100%의 진짜 꿀을 사용하는 것은 이러한 이유에서다.

4

천연식초
기적의 증언

01 "뇌하수체 이상 증세를 치료했습니다"
- 45세 여성

이 여성은 원래 봉제 공장에 나가서 일을 했다. 그런데 작업 환경도 좋지 않고 하루 종일 앉아서 일을 해서인지 자꾸만 허리에 부담이 갔다.

몇 년이 지나자 이 여성은 결국 디스크에 걸리고 말았다. 생활이 어려워 휴식을 취하지 못하고 공장에서 무리를 한 탓이었다. 병원에 다니면서 계속 약물치료와 물리치료를 병행했지만 그때뿐이었다.

극심한 가난을 겪으며 과로하다 보니 그녀는 하루도 거르지 않고 두통에 시달렸다. 허리통증도 나날이 심해지고 때로는 뒤틀림 증세까지도 보였다. 임신을 하지 않았는데도 젖이 마구 흘러나와 옷이 흥건히 젖기도 했다.

그녀는 견디다 못해 대학병원에 가서 뇌 검사를 했다. 그런데 뇌하수체 이상이라는 진단이 내려진 것이 아닌가. 약물을 끊임없이 투여한 탓에 몸은 이미 말이 아니었다. 밤새도록 잠이 오지 않고, 물에

빠진 듯 전신에 식은땀이 흐르고, 소변이 나오지 않아 얼굴이 부어 있는 날이 많았다.

수년에 걸쳐 병원 치료를 하다 결국 포기하고 낙담해 있을 때 그녀는 초란 요법을 알게 되었다.

그녀가 사는 곳은 변두리라 뒷산에 약수터가 있었다. 우선 아픈 다리를 이끌고 아침마다 약수터에 가서 생수를 떠오기 시작했다. 이것이 운동도 되었다.

그리고 약수 한 잔에 초란 30ml를 매일 마셨다.

또 된장에 콩가루, 마늘과 깻가루, 멸치가루, 청국장을 넣고 생야채를 찍어 먹었으며, 항상 현미, 콩, 보리밥을 섭취했다.

그렇게 3개월을 하고 나니 신기하게 몸이 가뿐해졌고 잠도 잘 왔다. 또 두통도 사라졌으며 허리통증도 많이 줄었다.

2년이 지난 지금은 몸 안에 있던 질병과 독소가 모두 사라지고 건강하게 생활하고 있다.

02 "위암을 치료했습니다" - 50세 남성

사업가인 이 남성은 사업상 음주가 잦은 편이어서 늘 위장병과 숙취에 시달려야 했다. 그때마다 나름대로 자기 몸을 챙긴다고 한약과 위장약을 복용했지만 약을 먹을 때만 괜찮을 뿐이었다.

식초를 챙기지 않고 이름도 낯선 각종 약초나 보신제를 오래 복용하면 혈액이 탁해져서 마침내는 간장, 신장, 대장, 자궁 등에 염증이 생긴다. 암을 일으키는 최초의 주범이 바로 이렇게 생긴 염증이다. 그의 몸은 이미 위험한 수준이라 미리 병원에 가서 진찰을 받고 대처해야 했는데 그러지 못했다.

급기야는 식은땀을 흘리고 배를 움켜잡은 채 방안을 뒹구는 사태가 벌어졌다. 부인이 곧 숨이 넘어갈 듯한 그를 데리고 병원 응급실로 달려갔다. 진단 결과는 위암이었다. 남의 일로 생각했던 암이 자기의 일이 되었던 것이다.

결국 그는 위암 수술을 받았으나 그 뒤로는 소화불량, 구토, 전신

권태 등으로 사업을 계속할 수 없었다. 그는 벼락을 맞은 기분으로 낙향해서 요양을 하기 시작했다.

매일 속을 태웠던 부인에게도 위장병, 요통, 불면증, 신장기능 저하 등의 증상이 나타났다. 부부가 함께 병을 앓기 시작한 것이다.

그러던 중에 우연히 초밀란을 알게 되었다. 자연식품이라서 부작용도 없고 각종 질병에 특효가 있다는 말을 들었다. 그는 그 말을 믿고 지푸라기를 잡는 심정으로 열심히 먹었다. 여기서도 실패하면 정말 끝이라는 생각이 들었던 것이다.

수개월을 복용한 결과 우선 부인의 위장병, 요통, 배뇨 이상 등에 상당한 효과가 있었다. 그리고 남편의 소화불량이나 구토증도 없어졌다.

남편은 다시 사업을 시작하게 되었다. 술과 담배를 끊고 꾸준히 초밀란을 마신 결과 수술 후 위암 후유증이 치료된 것이다.

03 "위장병과 관절염을 치료했습니다"
-43세 여성

이 여성은 서울에서 의류매장을 경영했다. 그런데 하는 일이 불규칙하고 새벽부터 밤늦게까지 일하는 경우가 많아 항상 피로에 시달렸다. 손님이 몰릴 때면 식사를 거르기 일쑤였고, 밥을 먹더라도 때를 놓치는 경우가 많았다.

시간이 흐를수록 아침에 눈을 뜨기 어려울 정도로 몸이 가라앉았다. 게다가 서 있는 일이 많아 관절염까지 걸리고 말았다.

그녀는 참다못해 병원에 가서 진단을 받았고 거기서 자기 몸이 얼마나 허약해졌는지를 알게 되었다. 과민성 대장 증후군, 위장염, 만성피로 증후군 등의 진단이 나왔다.

변비에 시달리고 소변을 보기도 힘들었다. 병원에 다니면서 물리치료와 약물치료를 병행했지만 그때뿐이었다. 약효가 떨어지면 다시금 몸이 아파왔다.

그러던 중 그녀는 방송을 통해 식초 건강법을 알게 되었고, 수소문 끝에 초밀란을 구해서 설명서대로 열심히 복용했다.

이렇게 정성껏 초밀란을 먹기 시작한 지 3개월쯤 지난 어느 날 아침, 그녀는 놀랍게도 아침에 쉽게 눈을 뜰 수 있었다. 몸이 가뿐했다. 두통도, 찌뿌드드한 기분도 씻은 듯이 사라졌다.

피로감이 없어진 것은 물론, 불면증도 사라졌다. 또 아침마다 변을 잘 볼 수 있게 되었으며, 소변보는 것도 아주 정상적이었다. 관절염으로 걷기도 불편했는데 지금은 잘 걷는다. 앞으로 계속해서 초밀란을 복용하면 관절염까지 완치될 수 있을 것이라 믿는다.

04 "높았던 혈당치가 두 달 만에 내려갔습니다" - 50세 남성

10년 전 이 남성은 혈당치가 550mg/dl정상치는 80~110mg/dl 정도으로 당뇨병 증세가 아주 심했다. 의사는 550mg/dl을 넘으면 혼수상태에 빠질 위험이 있다고 했다. 그의 상태는 중증에 가까웠던 것이다. 알고 보니 그는 양친 모두가 당뇨병 환자였다고 했다. 그럼에도 그 당시 그는 당뇨의 위험성에 대해 잘 알지 못했기 때문에 입원은 하지 않았다.

그는 심한 갈증에 시달렸다. 서서히 목이 마르기 시작하면 하루에 50잔 정도의 물을 마셔도 갈증은 해결되지 않았다. 목이 자꾸 마르는 현상이 당뇨병 환자 특유의 증상이라는 사실을 안 것은 그 후의 일이었다.

그는 지방 공무원이었는데, 부임한 지역에서 혼자 생활했기 때문에 섭생이 좋지 못했다.

그러던 중 초란이 당뇨병에 효과가 있다는 말을 듣고 초란을 구해 마시기 시작했다.

그랬더니 한 달 반쯤 지난 뒤 혈당치가 200mg/dl 이하로 내려갔다. 그 이후로 혈당치는 순조롭게 내려가서 지금은 140~150mg/dl 정도로 안정되었다. 지속적으로 초란을 먹는 것 외에 특별히 식사법을 바꾼 것도 아닌데 혈당치가 내려간 것이다.

05 "천식 발작이 깨끗이 사라졌습니다"
-60세 여성

이 여성은 15세 때 갑자기 기관지 천식을 앓았다. 그 원인은 집 바로 앞에 시멘트 공장이 있어서 계속 시멘트 가루가 떠돌았기 때문이었다. 처음에는 감기가 악화된 것이 아닌가 했는데, 병원에서 천식이라는 진단을 받고 치료를 위해 여러 가지 방법을 써보았다. 체질 개선 주사를 맞기도 하고, 천식에 좋은 음식도 먹었지만 조금도 좋아지지 않았다.

그러다가 결혼하고 출산을 한 후에는 그다지 발작이 일어나지 않더니 40세 가까이 되고 남편이 심장병으로 세상을 떠난 것이 원인이 되었는지 천식이 다시 일어났다. 재발한 뒤에는 발작의 정도가 전보다 더 심했다.

그동안에도 발작 예방약을 계속 복용했지만 1년에 몇 번씩은 발작 때문에 괴로워했다. 그러던 중 초란이 좋다는 것을 알게 되어 발작이 일어났을 때 바로 초란을 마시기 시작했다.

그랬더니 불과 열흘도 채 안 되어 발작 증세가 깨끗이 사라졌다. 사실 그전까지는 심한 발작의 고비를 넘긴 뒤에도 숨 쉴 때 쌕쌕- 소리가 나는 괴로운 상태가 반복되었지만 초란을 마신 뒤부터는 그런 증세도 거의 일어나지 않았다.

그 후로는 평소 발작 예방을 위해 먹던 약을 중단해도 발작이 일어나지 않았고, 좋은 상태가 계속되었다. 천식 환자는 심한 발작이 아니라도 호흡이 괴로우면 바로 누워서 잘 수 없는데 그녀는 바로 누워서 잠잘 수 있을 정도로 몸이 아주 좋아졌다. 초란을 마신 이후로 소극적인 성격도 진취적이고 적극적인 성격으로 바뀌었다.

06 "체중이 줄고 높은 혈압이 안정되었습니다" -58세 여성

이 여성은 30대에 심장과 신장이 나빠서 6개월 정도 일을 쉰 적이 있었지만 그 후로는 줄곧 건강하게 지내왔다. 그러다가 50대에 이르러 살이 찌기 시작 하더니 키 158cm에 체중이 70kg이나 되었다. 살이 찌고 5~6년 후부터는 혈압이 점점 올라가 최대 혈압 150~160mmHg, 최소 혈압 90mmHg 정도가 되었다.

혈압을 내리게 하는 혈압 강하제를 계속 복용하고 있었지만 점차 나빠져 최대혈압이 197mmHg, 최소혈압이 95mmHg까지 올라갔다. 그러다가 갑자기 현기증이 일고 비틀비틀하다가 쓰러져서 일어날 수 없게 되었다.

그렇게 쓰러지고 닷새 뒤부터 초란 요법을 시작해보았다. 처음 얼마간은 마시기가 어려웠지만 약을 먹는 셈 치고 참았더니 효과가 나타나기 시작했다. 그중 하나가 체중 변화였다. 한 달쯤 지나 체중을 재보았더니 2kg 정도 줄었다. 그런 식으로 석 달이 지나자 4~5kg 이 줄어서 현재는 체중 64kg을 유지하고 있다.

또 높았던 혈압도 낮아졌다. 초란을 먹기 시작한 지 석 달쯤 지나자 최대혈압이 145mmHg, 최소혈압이 85mmHg까지 낮아졌고, 넉 달째 되었을 때는 최대혈압이 135mmHg, 최소혈압이 78mmHg까지 내려가, 그 후로는 이 상태를 유지하고 있다.

초란을 먹기 전에는 아침, 저녁 두 번 혈압 강하제를 먹었지만 현재는 약을 끊고 나서도 혈압이 안정된 상태이다. 체중을 6kg 줄였더니 일어서거나 앉거나 하는 것조차 힘들었던 몸이 무엇을 해도 가뿐히 움직일 수 있게 되었다.

07 "어깨 결림과 변비, 여드름이 다 나았습니다" - 45세 여성

이 여성은 어느 날 갑자기 목덜미가 땅기고 목이 돌아가지 않았다. 처음에는 나쁜 자세로 잠을 자서 목 근육이 이상하게 된 것이 아닌가 생각했다. 그러나 그렇게 간단한 것이 아니었다. 게다가 어깨 결림은 점점 심해졌다.

어깨 결림 증세가 나타난 지는 벌써 10년 정도 되었다. 직업의 특성상 글씨를 많이 써야 하므로 어깨가 딱딱해지는 것까지는 크게 신경 쓰지 않았다. 그러나 목이 좌우로 움직이지 않을 정도로 어깨 결림이 심해지고 고통스러워지자 더 이상 내버려둘 수가 없었다.

정형외과에서 진찰을 받고 치료를 해서 고통은 조금씩 나아졌지만 일주일에 세 번씩 병원을 다녀야 하는 것이 쉽지 않았다.

그래서 천연식초와 유정란으로 만든 초란을 이용해보았다. 초란을 마신 지 한 달쯤 지나자 결리던 어깨가 조금씩 편하게 느껴졌다.

그리고 2개월 정도 지났을 때에는 어깨 결림이 거의 느껴지지 않았다. 또 뺨에 있던 직경 2cm 정도 되는 갈색 기미도 초란을 마시기 시작하면서 엷어졌다. 거기다 때때로 약이 필요할 정도로 심하던 변비도 완전히 해소되었다.

이 여성에게는 대학에 다니는 맏아들과 고등학생인 둘째 아들이 있는데 둘 다 이마와 뺨에 여드름이 있어서 여드름 전용 세안제를 사용했다. 그런데 초란을 먹고 한 달도 채 되지 않아 거의 눈에 띄지 않을 정도로 피부가 좋아졌다.

또 몇 달 전에는 둘째 아들이 급성 간염에 걸려 한 달 반 동안 입원했는데, 병에 걸린 뒤 지방 대사가 나빠져서인지 얼굴은 물론 가슴, 등에도 발갛고 고름이 든 부스럼이 돋아났다.

그래서 퇴원한 뒤 즉시 초란에 꿀을 타서 먹기 시작했는데, 일주일 정도 지나자 놀랄 만큼 피부가 깨끗해졌다. 부스럼의 흔적은 남아 있지만 딱지가 앉았고, 2~3개월 뒤에는 흔적도 눈에 띄지 않을 정도가 되었다.

08 "류머티즘으로 생긴 부종이 사라졌습니다" -53세 여성

이 여성은 갑자기 양쪽 발가락부터 발바닥 전체에 걸쳐 걷는 것을 참을 수 없을 정도로 통증을 느꼈다. 마치 방금 산 새 구두를 신은 것 같은 느낌이었다.

처음에는 오래 걸어서 발바닥이 아픈 것인가 생각했다. 그래서 바로 병원에 가지 않고 얼마 동안 아픔을 참고 있었는데, 조금도 낫지 않았다. 병원에 가서 진찰을 받았더니 류머티즘이었다. 아프기 시작해서 한 달쯤 되었을 때였다.

병원에서 처방한 진통제를 먹고 발바닥의 통증은 많이 나았으나 그때뿐이었다. 진통제를 계속 복용하는 동안 류머티즘은 더욱 심해졌고, 2~3년이 지나고부터는 양쪽 손목의 관절이 부어서 통증을 느꼈다.

좀 더 지나자 이번에는 왼쪽 어깨가 아프기 시작했다. 부종 때문에 손가락을 구부리거나 주먹을 쥐는 것조차 할 수 없을 정도였다.

그러다 우연히 초란이 류머티즘에 효과가 있다는 기사를 읽고 반신반의하면서 초란을 마시기 시작했다.

마시기 시작한 지 일주일 정도 지나자 서서히 손의 부기가 빠지기 시작했다. 주먹을 쥐는 것도 쉽게 할 수 있었다.

계속 마시다가 부득이한 사정으로 2~3일 초란을 마시지 못하면 손가락이 부었다. 그래서 다시 마시기 시작하면 4~5일 만에 부기가 빠지는 것이었다. 이 여성에게 초란은 필수품이 되었다.

09 "불면증이 감쪽같이 사라졌습니다"

- 55세 남성

사업상 골치 아픈 일이 많아서인지 이 남성은 잠자리에 눕기만 하면 오히려 정신이 또렷해지고 어렵게 잠에 들어도 밤에 소변 때문에 몇 번이나 잠이 깨어 숙면을 취하지 못했다.

이런 증상이 지속되다 보니 스트레스가 쌓이고 의욕이 저하되면서 불면증 증세가 더욱 나빠지는 악순환이 거듭되었다. 자신도 모르는 사이에 우울증이 생겼고, 머리가 빙빙 도는 어지럼증까지 일어났다. 그때마다 약국에서 수면제를 사먹었으나 잠들기는 여전히 힘들었다.

그러다 그는 우연히 초밀란을 알게 되어 2개월 정도 복용했다.

그랬더니 마음이 편안해지고 밤이 오는 것이 두렵지 않았으며, 직장 생활도 안정을 찾았다.

"마음이 편안하니 잠도 잘 오고, 잠이 잘 오니 피로감이 사라졌다.

매사에 자신감도 생기고, 2개월 전의 내 모습과는 전혀 달라졌다. 불면증으로 고생하는 사람들에게 초밀란 요법을 권하고 싶다."라고 그는 말한다.

10 "자율신경 실조증의 불안에서 벗어났습니다" - 36세 남성

이 남성은 앉았다 일어서면 어지러운 증상 때문에 진찰을 받았더니 저혈압이라는 결과가 나왔다. 그래서 혈압을 올리는 약을 일주일 동안 복용했다. 또한 그는 고추 알레르기가 있다고 해서 알레르기 약도 먹었다.

그렇게 계속 약을 복용했더니 어느 날 회사에서 정신이 아득해져 왔다. 의식이 멀어지며 곧 죽을 것 같은 감각이 엄습하는 경험을 한 것이다.

병원에 입원해서 정밀검사를 받았더니 '자율신경 실조증'이라고 했다. 자율신경 실조증은 자율신경 기능의 부조화로 일어나는데 두통과 압박감 등에 시달리지만 검사를 해보면 기질적인 변화가 보이지 않는 경우가 많다.

고소공포증도 있어서 5층 사무실에서 내려다보면 현기증이 났다.

식욕도 없고, 밤에는 잠을 잘 수가 없어서 매일 죽음의 공포에까지 시달렸다.

그러던 차에 주변 사람의 권유로 초밀란 건강법을 알게 되었고, 몸의 독을 없애고 자연식과 운동을 하는 삼위일체 장수법도 함께 실행했다.

그랬더니 어느 사이엔가 높은 빌딩에서 내려다보아도 아무렇지 않아졌고 불안감도 차츰 사라져갔다.

한밤중에 잠에서 깨면 자신이 어디에 있는지 알 수 없고 이대로 죽는 것이 아닌가 하는 공포에 사로잡히는 경우도 있었는데, 저녁 식사를 한 뒤에 초밀란을 마시고 운동했더니 그런 발작이 일어나지 않았다.

"요즘은 걸어 다닐 때 아랫배에 힘을 주고 숨을 쉬는 단전호흡도 한다. '사람은 자연과 멀어질수록 질병과 가까워진다.'는 말도 이제는 무슨 의미인지 감을 잡을 수 있게 되었다. 하찮은 일에도 몹시 불안해했는데 이제는 무슨 일이든 두려워할 것이 없다고 스스로를 타이를 수 있는 상태가 되었다."라고 그는 말한다.

11 "고질적인 안구건조증이 완쾌되었습니다"
-52세 남성

공무원인 이 남성은 매일 컴퓨터로 문서를 작성하는 일을 했다. 그런데 언젠가부터 아침에 일어나면 눈이 뻑뻑하고 시려서 눈 뜨기가 어려웠다. 특히 오후에 운전을 하거나 오랜 시간 컴퓨터 작업을 하면 눈이 충혈되고 사물이 뿌옇게 보였으며 눈곱도 끼었다.

그때마다 생리식염수를 눈에 넣었다. 어떤 때는 눈에 모래가 들어간 느낌이 들거나 깜빡일 때 뻑뻑하고 건조했다.

견디다 못해 안과에 갔더니 안구건조증이라고 했다. 그러나 아무리 병원에 다녀도 극심한 눈의 피로와 안구건조증은 나아지지 않았다. 생리식염수는 일시적으로 눈을 적셔주는 효과만 했을 뿐 오히려 눈의 점액과 지방 성분을 씻어내 눈물이 빨리 마르게 했다. 마침내 그는 각막염까지 앓기에 이르렀다.

그가 낙담하고 있을 때 초밀란을 만난 것은 행운이었다.

밥을 현미 잡곡으로 바꾸고 초밀란을 마시면서 등산도 시작했다. 그랬더니 고질적이던 안구건조증이 100일 만에 완쾌되었다. 오늘도 그는 휘파람을 불며 산을 오른다.

12 "아토피성 피부염에서 해방되었습니다"
-23세 여성

이 여성에게 피부병이 생기기 시작한 것은 초등학교 때이다. 그때부터 15년간 피부병에 시달려온 셈이다. 처음에는 오른쪽 팔꿈치 안쪽에만 생겼던 것이 왼팔로 옮아가고, 무릎 안쪽에도 생겼다. 그러다 고교 시절에는 목과 얼굴에까지 퍼졌다.

그동안 수많은 병원에 다녔지만 의사들이 한결같이 하는 말이 "크면 낫습니다."였고 병명도 몰랐다. 주는 약은 언제나 부신피질 호르몬 연고였다.

작년 여름에 어느 병원에서 아토피성 피부염이라는 진단을 받았고 평생 낫지 않을지도 모른다는 절망적인 말을 들었다.

또 학교를 졸업하고 은행에 취직해서 폴리에스테르 100퍼센트로 만든 블라우스와 점퍼스커트 제복을 입었더니 날이 갈수록 팔 전체와 목에서 가슴 언저리, 등까지 새빨개지면서 가려워서 참을 수가 없었다.

밤에도 잠을 잘 수가 없고 낮에는 온종일 초조감에 시달려서 마치 지옥과도 같은 나날이었다. 취직하고 2개월째가 되니 이마에서부터 눈언저리까지 여드름 같은 것이 빽빽이 생겼다.

그 무렵 그녀는 삼위일체 장수법을 알게 되었는데, 그녀는 "병원에서 잘 낫지 않는 병일수록 삼위일체 장수법을 쓰면 잘 낫는다. 아토피는 세균성이 아니라 미네랄 부족 때문에 일어난 내분비계 질환이기 때문이다."라는 설명에 유의했다.

그녀는 밥을 현미잡곡으로 바꾸고 초밀란을 마시기 시작했다. 독소 제거, 자연식, 운동을 삼위일체로 실행했더니, 불과 100일 만에 그녀의 피부는 몰라볼 정도로 고와졌고 특히 얼굴은 아토피성 피부염 특유의 불그레하면서 꺼칠꺼칠한 증상과 가려움이 거의 없어졌다. 보통 사람과 거의 다름없게 된 것이다.

예로부터 피부는 장을 비추는 거울이라고 했다. 그녀가 앓은 피부병은 대장의 병이었던 것이다. 초밀란을 마시고 자연식을 하면서 장이 깨끗해졌고, 장이 깨끗해지니 자연히 노폐물이 잘 배설되었다. 그 결과 더 이상 몸속에 독소가 쌓여서 피부에 문제를 일으키는 일이 없어졌다.

장을 비워야 마음이 비워진다. 유산균이 부족한 식사와 운동 부족이 병의 원인이다. 지금은 바른 식사를 해서 장과 피, 마음이 깨끗해졌기 때문에 그녀의 피부도 매끈매끈해진 것이다.

계속 아침을 굶고 독소를 해소한 지 6개월 후 그녀의 피부는 더욱 매끄럽고 고와졌다. 밤이 되어도 가렵지 않았고, 보통 여자들보다도 훨씬 피부가 고와졌다는 말을 듣는다.

그녀는 자기 몸에서 일어난 기적을 아직도 완전히 이해하지 못한다고 했다. 어떻게 그 많은 병원에서 치료하지 못한 아토피성 피부염이 아침을 굶고 초밀란과 현미 잡곡밥을 먹고 산에 가는 것만으로 고쳐지는지.

누룩 말살의 역사

누룩이 술이 되고 술이 초가 된다.

"길은 외줄기 / 남도 삼백 리 / 술 익는 마을마다 / 타는 저녁놀"이라는 박목월의 시 〈나그네〉의 묘사처럼 술을 빚어 조상을 섬기며 손님을 접대하고 풍류를 즐겼던 우리 조상들은 곳곳에 명주名酒를 탄생시켰다.

전통사회에서는 일부 시기를 제외하고 술의 제조 및 판매가 자유로웠다. 때문에 조선시대까지는 전국 곳곳에 양조장이 많았다. 1907년 7월 조선총독부가 주세법을 공포할 당시 조사한 한국의 양조장 수는 15만 5,823곳이나 되었다. 많았던 양조장의 수만큼이나 전통주와 누룩의 종류도 다양했다.

하지만 이렇게 많고 다양했던 우리의 양조장은 얼마 안 가 일제에 의해 문을 닫게 된다. 우리의 소중한 전통주를 말살시킨 원흉이 일본이다. 간악한 일본 정부는 조선 백성들의 혈세를 짜내기 위해 주세법을 만들었고 일반 가정에서 누룩을 만들지 못하게 금지하였다. 더 큰 문제는 전통주가 제한되면서 전통주로 만들어야 할 식초도 만들지 못하게 된 것이다. 누룩이 없으면 술이 없고 술이 없으면 천연 살균제이자 해독제인 식초가 없다. 사라진 누룩의 종류만큼 전통식초의 다양성도 훼손되었다.

막걸리는 음식이다. 어느 식당에서든지 누룩을 만들고 막걸리는 밥처럼 만들어서 판매할 수 있어야 한다. 일제가 만든 주세법의 잔재는 민족정기를 회복하는 차원에서도 반드시 철폐되어야 한다.

5

천연식초
만들기

01 장수의 묘약 현미 송엽식초

신선이 먹는 음식, 송엽

고대 중국의 『신농본초경神農本草經』이라는 책에서는 약을 세 종류로 나누었는데, 병만 치료하는 하약下藥, 활력이 강해지는 중약中藥, 오래 살게 하는 상약上藥이 그것이다.

사람은 뭔가 해야 할 일이 있어서 이 세상에 태어난 것이다. 우리는 일을 하고 따뜻한 가정을 이루고 주변 사람들을 위해 전력을 다해 살아가는데, 이렇게 해야 할 일을 제대로 해내기 위해서는 신체가 건강해야 한다.

따라서 이 책에서 말하는 상약이 가장 중요한 약이며, 그 첫 번째가 소나무이다. 명나라의 고전 약초서인 『본초강목本草綱目』에도 "송엽은 송모松毛라고도 불리며, 독이 없고 모발이 나게 한다. 또 오장을 편안하게 하고 배고프지 않게 해주며 천 년을 연명할 수 있게 한다."라고 쓰여 있다.

중국에서는 소나무가 '신선이 먹는 음식'이라고 전해 내려온다. 신선은 수행할 때 거북과 같은 독특한 호흡법과 함께 송엽즙을 선인의 약으로 사용했다고 한다.

또한 불가에서는 수행승이 단식에 들어갈 때도 솔잎을 한 줌 먹고 나서 수행에 임했다고 한다.

소나무의 약효에 관해서는 여러 가지 이야기가 전해진다. 진나라가 멸망할 때 많은 궁녀들이 전란을 피해 산속에 몸을 숨겼는데, 먹을 것이 없어 배고픔을 참아야 했다. 그런데 그 산의 선인이 나타나 궁녀들에게 적송 열매를 먹으라고 일러주는 것이었다. 그 말에 따랐더니 배고픔도 잊어버리고 얼굴에도 윤기가 흘렀다. 그 뒤 궁녀들은 검은 머리로 3백여 살까지 살았다고 전해진다.

신선의 음식 송엽

또 나병으로 산속 동굴에 숨어 살던 사람이 선인이 준 송진을 먹고 170살까지 건강한 치아와 모발을 지니고 살았다는 전설도 전해 내려온다.

일본에도 이와 비슷한 이야기가 있다. 8세기에서 9세기 사이에 살았던 준나淳和 왕의 두 번째 비妃는 솔잎을 먹으며 산속에서 선인의 생활을 즐겼다. 그녀는 스무 살의 젊음을 죽을 때까지 유지했다.

"한국인은 소나무에서 나고 소나무 속에서 살며 소나무 아래에서 죽는다."는 말이 있다. 이는 소나무처럼 우리 생활에 물질적, 정신적으로 많은 영향을 준 나무도 없다는 뜻으로, 우리 민족은 소나무 문화권에서 살아왔다고 해도 지나치지 않다.

집 주변이나 묘 주변에 소나무를 심으면 생기가 돌고 액운을 물리칠 수 있다는 기록도 전해지며, 곡식을 끊고 솔잎을 씹으며 배를 채우는 수행인 '벽곡辟穀'을 보더라도 소나무의 중요성을 알 수 있다.

소나무는 장수의 상징인 십장생의 하나이며 쓰임새도 다양하다. 속껍질은 송이떡 등의 재료로, 꽃가루는 전통과자인 밀과의 재료로 쓰이며 솔잎은 죽이나 차, 술을 만들 때 쓴다. 솔방울과 송근松根, 소나무 뿌리, 송절松節, 소나무 마디, 심지어는 송진까지도 술이나 약재로 이용된다. 이는 그만큼 솔잎의 효능이 뛰어나다는 것을 말해준다.

송엽의 성분과 쓰임새

솔잎에는 엽록소, 비타민A, 비타민K 외에 단백질, 지방, 인, 칼슘, 철, 효소, 정유식물에서 채취한 향기로운 휘발성 기름, 미네랄, 비타민C가 함유되어 있으며, 몸속의 노폐물을 배출시켜 신진대사를 활발하게 하는 성분도 들어있다.

또 송엽에 함유된 테르펜은 포화지방산과 동맥경화의 원인이 되는 콜레스테롤을 용해시켜서 혈관이 막히지 않게 해주어 혈액순환을 원활하게 한다.

일본에서 30년 이상 소나무와 건강에 대해 연구해온 '솔잎 먹는 모임' 회장 다카시마 씨는 『솔잎 건강법』이라는 책에서 솔잎에 대해 이렇게 말한다.

"소나무는 천 년을 산다. 솔잎을 먹으면 피로가 풀리고 항상 젊음을 유지할 수 있다. 이것은 솔잎이 몸속의 노폐물을 서서히 용해시켜 몸 밖으로 배출시키기 때문이고 이에 필적할 만한 효과를 내는 것은 찾아볼 수 없다. 소나무에 항디프테리아 작용이 있기 때문이 아닐까 한다."

불교 경전에서는 수행을 위해 강인한 체력을 만드는 묘약이 소나무에서 나온다고 했다. 고승들은 수행을 하면서 솔잎, 검은콩, 검은깨를 잘 건조시켜 분말로 만든 '마샤'를 매일 차로 마셨는데, 이것은 효과가 뛰어나서 천식약, 두통약으로 사용하기도 했다.

송엽의 효능

동맥경화 예방

우리나라 성인의 3대 사망원인은 암, 심·뇌혈관 질환, 간 질환이다. 암은 혈액이 산성화되어 생기는 것이고, 심장은 부정맥으로 협심증, 심방세동이 생기는 것이고, 뇌혈관 질환은 뇌에 혈액을 공급하는 혈관이 막히거나 터짐으로써 일어나는 것으로 뇌경색, 뇌출혈 등이 있다. 간 질환은 몸에 필요한 여러 가지 물질을 합성분해·해독·배설하는 간에 이상이 생기는 것으로 간염, 간경변증, 간암이 있다.

이른바 성인병이라고 부르는 이 질환들의 주요 원인 중 하나는 가공식품을 지나치게 섭취하는 생활습관이다.

이러한 성인병의 공통점은 혈액이나 혈관에 문제가 있다는 것이다. 흔히 '노화는 혈관에서 시작되고 혈관의 노화는 혈액에서 시작된다.'고 한다. 이렇게 인체에 절대적으로 중요한 혈액을 깨끗하게 해주어 고혈압, 동맥경화, 심장병, 뇌졸중을 예방하는 데 큰 도움을 주는 것 중 하나가 솔잎이다.

솔잎 성분 중에서 가장 중요한 것은 엽록소이다. 엽록소에는 여러 가지 효능이 있는데 특히 인체 내 기관에서 피를 만들어내는 조혈 작용을 하고, 손상된 조직 부위를 메우는 작용을 하는 육아조직을 만들어내기 때문에 상처를 치료하거나 빈혈, 위궤양 등을 치료하는 데 이용되기도 한다.

솔잎이 특유의 푸른빛을 띠는 것은 송진에 둘어 있는 테레빈유라는 물질 때문이다. 이 테레빈유에는 불포화지방산이 함유되어 있어

서 혈관에 있는 콜레스테롤을 제거해 동맥경화를 방지하고 혈액 순
환이 잘 되게 한다.

솔잎의 효능 중에서 가장 두드러지는 것은 고혈압, 동맥경화, 심
장병, 뇌졸중 등 순환기 질환에 좋다는 것이다. 또 솔잎즙을 마시면
몸이 따뜻해지고 감기에 잘 걸리지 않으며 몸이 냉해서 오는 빈뇨증
소변 보는 횟수가 많아지는 증세을 치료하는 데 효과적이다.

다카시마 씨는 심근경색으로 죽어가는 사람을 솔잎즙으로 소생시
켰고 자신의 저서에서 "솔잎즙은 심근경색에 특효약이며 동계심장의
고동이 심해서 가슴이 울렁거리는 일, 호흡곤란, 숨이 차는 증상 등 심장병의 3
대 증상, 그리고 흉통, 부종, 현기증 등 심장병에서 파생되는 증상들
도 효험이 있다. 그리하여 옛날부터 솔잎은 선인들의 강심제로 사용
되어왔다."고 썼다.

저혈압인 사람이 솔잎즙을 먹으면 조금씩 혈압이 올라가 정상 혈
압이 되기도 한다. 의학서의 고전인 『회중비약집懷中妙藥集』에는 "솔잎
을 씹으면 고혈압이 없어져 중풍이 치료된다. 뇌빈혈로 쓰러진 사람
이 솔잎을 계속 씹었더니 언어장애도 없어지고 회복이 빨라졌다."라
고 쓰여 있다.

악성 콜레스테롤 감소 효과
성인병의 주요 원인인 고지혈증은 동물성 지방을 많이 섭취하는 서
구식 식생활 때문에 생긴다. 이것이 지나치면 동맥경화, 뇌경색, 협

심증, 심근경색 등을 일으키기도 한다.

고지혈증을 일으키는 것은 콜레스테롤과 중성지방이다. 의학적으로 혈액 100ml당 콜레스테롤이 220mg 이상이거나 중성지방이 150mg 이상일 경우에는 치료가 필요하다.

여기에서는 일단 콜레스테롤과 중성지방에 대해서 설명하고 넘어가기로 하자. 콜레스테롤에는 혈관벽에 축적되어 동맥경화를 유발하는 '악성 입자'와 혈관벽의 악성 콜레스테롤을 제거하는 '순성 입자'가 있다. 이 두 가지가 몸속에서 균형을 이루어야 하는데, 악성 입자의 폭이 넓어져 균형이 깨지면 문제가 발생한다.

혈액 속의 콜레스테롤은 악성 입자의 형태로 서서히 혈관벽 속에 침투해 흡착한다. 그렇게 되면 혈관 내부가 차츰 좁아져서 혈액순환에 지장을 준다.

혈관벽이 두터워지면 순환에 문제가 생기는 한편 내부가 헐어서 벗겨지기 쉬워진다. 헌 부분은 혈액이 응고되어 혈전이 되기 쉽고, 벗겨진 부분이 혈류를 타고 이동해서 가늘어진 혈관을 막는다. 이로 인해 관상 동맥_{심장을 둘러싼 동맥}이 막히면 심근경색이 일어나고, 뇌혈관이 막히면 뇌경색이 일어난다.

중성지방은 피하지방과 같은 종류이나 혈액 속의 중성지방이 증가하면 동맥경화가 되기 쉽다. 중성지방이 많아지면 순성 콜레스테롤이 감소되어 혈관벽에 달라붙은 악성 콜레스테롤을 제거하기 어렵기 때문이다.

콜레스테롤을 관리하는 것이 심장질환과 뇌혈관 질환을 극복하는 열쇠이다. 그렇지만 콜레스테롤은 몸속에 일정량은 필요한 물질이다. 순성 입자 콜레스테롤이 없어지면 몸속에 문제가 생기므로 순성 입자를 늘리고 악성 입자를 줄이는 것이 중요하다.

적송의 정유성분인 테레빈유는 악성 콜레스테롤을 현저히 감소시키고, 간장에 중성지방이 쌓이는 지방간에도 뛰어난 효능이 있다. 따라서 솔잎을 먹으면 혈액에 생기는 문제를 방지할 수 있다.

장수에 으뜸 음식

일본의 신농(神農)이라는 농업의 신이자 약의 신은 전국 어느 곳에서나 숭배되는데, 이 신은 예부터 소나무를 단순한 나무로 보지 않고 십장생에 포함시켰다고 한다. 이러한 소나무는 단지 스스로만 장수하는 것이 아니라, 소나무를 먹고 마시는 사람도 장수하게 만든다.

인간은 병이 났을 때 스스로 치유하는 힘을 가지고 있는데, 이것을 자연치유력이라고 한다. 예를 들어 넘어져서 무릎이 깨져 피가 흐르고 통증이 있을 때 병원에 가서 의사에게 치료를 받지 않았는데도 며칠이 지나면 씻은 듯이 낫는 경우가 많다.

이런 조그만 상처뿐만 아니라 입원 치료가 필요한 경우에도 집에서 요양하여 병이 낫는 경우가 있다. 이것은 기본적으로 신체가 지닌 자연치유력 때문이다.

의사의 진단과 약처방 등은 이 자연치유력을 높이기 위한 응급수

단이며 병이란 어디까지나 신체가 스스로 치료하는 것이다.

그러므로 건강해지기 위해서는 각자가 지닌 자연치유력을 향상시켜야 한다. 영양섭취, 운동, 휴양, 스트레스 관리 등과 같은 건강원칙을 지키는 것도 자연치유력을 향상시키는 방법이지만 솔잎을 먹으면 그 효과가 더욱 높아진다.

회춘의 묘약

여성은 언제까지나 젊고 아름답게 살고 싶어하고 비만에서도 벗어나기를 원한다. 그리고 남자들은 나이 들어서도 늠름하고 활기 넘치게 살고 싶어한다. 이런 여성과 남성의 희망은 솔잎즙을 애용하면 이루어질 수 있다.

솔잎은 남성 건강에 좋고 심장도 튼튼하게 해준다. 솔잎을 먹으면 80세를 지나서 새로운 건강을 얻을 수 있고, 90세를 지나면 생각하지 못한 행복을 얻는다.

젊어서는 활력보충을 위해 육식을 하지만 그것도 40세까지이고 50세가 지나서도 동물성 단백질만 섭취하면 오히려 발기부전이 된다. 이때는 스태미나 식품으로 솔잎을 먹는 것이 좋다.

젊어지기 위해서도 솔잎즙을 매일 한 잔씩 마시면 좋다. 솔잎에 함유된 비타민이 몸속의 노폐물을 몸 밖으로 내보내고, 신체 조직을 젊게 유지해준다.

솔잎의 이런 작용은 화학적으로 분명하게 밝혀지지는 않았지만 소나무에 미약하나마 전류가 통하기 때문에 그 전류가 솔잎즙에 용해되어 이온화됨으로써 신체 조직을 젊게 유지하는 것이라고 한다.

솔잎은 불로장생의 약이면서 강장제로도 상당히 효과가 있다. 『솔잎 건강법』의 저자 다카시마 씨에 따르면 적송 잎으로 만든 금조로金朝露라는 약과 관련된 이런 이야기가 전해 내려온다고 한다.

강건한 호걸이 괴물을 커다란 바구니에 잡아넣어 짊어지고 돌아오는데, 괴물이 살려주면 은혜를 잊지 않고 묘약 만드는 방법을 가르쳐주겠다고 해서 놓아주었다. 그때 괴물이 가르쳐준 약이 해변에 떠오르는 아침 해가 맞닿을 즈음의 적송 잎으로 만든 강장제였다고 한다. 적송은 바다에 접해 있는 것이 가장 효력이 있다고 하니 이 금조로 만드는 법은 이치에 맞는 듯싶다.

솔잎을 먹는 것이 강장 효과가 있는 이유는 알칼로이드 이외에 뇌 조직에 유효한 자극을 가져다주는 성분을 많이 함유하고 있기 때문이다. 늙어서도 활력을 유지하기 위해서는 심장을 튼튼하게 하는 것이 제일인데, 솔잎은 심장을 강하게 해준다.

태평양 전쟁 말기에 비행기 연료가 부족해서 소나무 뿌리에서 채취한 기름인 송근유를 사용했다는 것은 잘 알려진 사실이다.

다카시마 씨에 따르면 당시 그 일에 종사했던 사람이 밤에 놀러갈 때 송근유를 조금 핥아먹고 갔더니 정력이 평소보다 배 이상 되었다고 한다. 높은 효과에 기쁜 나머지 그 사람이 친구에게 송근유를 가르쳐주었는데, 그 말을 듣고 즐겨 먹었던 친구는 80세까지 청춘의 피가 끓었다고 한다.

송근유는 조금만 복용해도 어떤 정력제보다 효과가 좋다고 알려져 있으며, 강장 효과가 있으니 피로를 푸는 데도 당연히 좋다.

왜 천연 현미 송엽식초를 먹어야 하는가

일본은 세계 장수 기록을 10년 연속 경신하고, 식초 종주국으로 행세하고 있다. 솔잎 치료법 또한 일본에서 유행하는 것이다. 하지만 정작 일본에서는 솔잎을 발효시켜 식초를 만드는 법이 널리 알려지거나 송엽식초의 효능이 발표되지는 않았다.

대신 단순하고 기본적인 방법, 솔잎을 볶고 끓여서 차를 만들거나 소주에 설탕과 함께 담가서 술을 만들고, 즙을 짜서 주스를 만드는 등의 방법이 권장된다고 한다. 그러나 솔잎이든 과일이든 곡물이든 발효를 시켜야 한다. 발효시키면 독성 물질은 사라지고 수억 종류의 미량 원소와 효소, 칼슘, 레시틴, 비타민E, 카로틴 등이 생성된다. 즉 활성산소의 발생을 미리 막아주고 독성을 없애는 항산화제가 만들어지는 것이다.

우리 몸의 노화와 생사는 몸속에서 일어나는 활성산소와 항산화제의 싸움에 달려 있다고 해도 과언이 아니다. 활성산소를 억제하는 발효효소는 병든 몸을 100세까지 장수하게 인도하는 것이다.

밥에도 초를 넣어서 초밥을 만들고, "흑초는 값을 매길 수 없을 만큼 귀중하다."고 극찬하는 일본인들이 왜 솔잎으로 식초 만드는 방법을 권장하지 않는 것일까? 일본이 영양, 건강, 장수 분야에서 대부분 앞서가지만, 발효식품 분야에서는 종주국인 한국을 능가할 수 없는 증거라 하겠다.

솔잎즙은 맛도 없고 효과도 미미하다. 솔잎효소를 만들어야 한다. 솔잎효소는 송엽＋배＋생강＋대추를 벌꿀에 절이는 것이다. 설탕에 절이는 것은 혈당만 높이고 약효가 없다. 송엽＋배＋생강＋대추를 달여서 누룩과 엿기름을 첨가하여 막걸리를 만들고, 그 막걸리가 1년 이상 초산 발효하면 송엽식초가 되고, 3년 이상 숙성되면 송엽흑초가 되는 것이다. 송엽흑초는 만병에 드는 신의 물방울이다.

또 솔잎만 채취하는 것이 아니고 소나무 전체의 생명력을 취하려면, 5월에 돋아나는 적송의 순을 가위로 잘라 솔잎, 송기소나무 속껍질, 송자솔방울, 송화소나무 꽃, 송진을 가리지 않고 채취해야 한다. 이렇게 하면 솔잎만 채취하는 것보다 훨씬 효과가 있다.

여기에 문제를 일으킬 수 있는 검증되지 않은 약재는 피하고 현미, 밀누룩, 맥아 등의 곡물과 배, 생강, 대추 등의 과일만을 자연 발효시켜 놀라운 효과를 내는 송엽식초를 만들었으니, 일본 최고의 솔잎 전문가 다카시마 씨의 책에 등장하는 금조로에 해당하는 불로장생초를 발명했다고 할 수 있다.

솔잎의 바늘처럼 생긴 끝부분은 칼슘 덩어리로, 뼈를 튼튼하게 해주고 혈액이 산성화되는 것을 예방해서 중풍 발생을 억제한다. 갱년기 여성들이 송엽식초와 계란으로 만든 초밀란을 마시면 각종 성인병은 말할 것도 없고 유방암, 자궁암 등 여성 암을 완전하게 예방할수 있다. 이것은 합성 호르몬제 등을 사용하는 것보다 훨씬 좋다.

"콩 한 말만 지고 산에 가면 1년도 살 수 있다."라는 말이 있다. 사실 이 말에는 콩의 유용성도 담겨있지만 산의 유용성도 담겨있다. 산에는 소나무와 물이 있기 때문이다. 성철 큰스님을 비롯한 선인들이 솔잎을 간식으로까지 애용했던 것은 칼슘이 함유되어 있고 피를 맑게 해주기 때문이다. 암과 노화 발생의 주범인 활성산소를 잡는 송엽식초를 만들어보자.

현미 송엽식초 만들기

재료

현미 3.2kg, 누룩 가루 1kg, 송엽 가루_{잎이 두 개인 조선송} 160g, 생강 80g, 배 40g, 대추 40g, 식혜 2L

만드는 법

1단계 - 누룩 만들기

1. 토종 밀에 녹두 10퍼센트를 첨가해서 거칠게 빻는다. 이때 밀은 방앗

간에 가서 누룩용을 달라고 하면 된다.

2. 밀기울밀을 빻아 체로 쳐서 남은 찌꺼기이 겨우 엉키게 물을 넣고 비빈다.

3. 반죽을 누룩 틀이나 그릇 같은 것에 담아 보자기로 싸서 누르고 단단히 밟아 누룩의 형을 만든다. 누룩을 반죽할 때 너무 질면 술이 붉어지고 고리타분한 누룩 냄새가 나며, 너무 건조하면 발효가 잘 안 되어서 알코올 도수가 낮아지기 때문에 주의해야 한다. 손으로 꽉 쥐면 엉킬 정도로 반죽한다.

4. 밟은 누룩을 뒤집어가면서 이틀 정도 말려 누룩 사이사이에 짚을 채운 뒤 차곡차곡 세워 담요로 덮는다. 여름에는 헛간에 짚을 깔고 가마니 등으로 덮어두어도 된다. 삼복더위가 아닐 때는 온돌을 이용하는데, 알맞은 온도는 30℃ 정도다.

5. 20일 정도 발효시킨 후 빻아서 2~3일간 밤낮으로 이슬을 맞힌다. 햇볕을 쬐고 이슬을 맞히는 것은 누룩 자체의 나쁜 냄새를 제거해서 향이 좋은 술을 만들고 곰팡이 등의 잡균을 없애기 위해서다. 좋은 술이 좋은 식초가 되는 것은 두말할 필요도 없다. 이렇게 만든 누룩을 일반적으로 '막누룩' 또는 '곡자'라고 한다.

주의 1

누룩을 만드는 것은 식초 양조법의 기본이지만 방법이 까다로워서 매 단계마다 세심하게 주의를 기울여야 하고 경험도 많아야 한다. 따라서 누룩을 만든 경험이 있는 사람에게 도움을 받는 게 좋다. 제조하기에 가장 좋은 시기는 6월이며, 가능하면 여름에 만드는 것이 낫다.

시장에서 판매하는 밀은 대부분 수입 밀이다. 수입 밀은 수확 후에 만 21종의 농약을 치기 때문에 심지어 발암물질까지 검출되기도 한다. 반면 토종 밀은 늦가을에 씨를 뿌리고 초여름에 거두기 때문에 농약을 쓰지 않아도 되는 무공해 건강식품이다. 식초는 재료의 오염 정도에 민감하기 때문에 수입 밀로 만든 누룩을 사용하면 실패하기 쉬울 뿐만 아니라 품질이 좋은 식초를 만들 수 없다.

2단계 - 술 빚기

1. 현미 3.2kg을 생수에 여덟 시간 불린 다음 압력밥솥에 넣고 고두밥을 짓는다.

2. 송엽 가루 생것으로 160g, 갈은 배 40g, 생강 80g, 대추 40g을 넣고 골고루 섞는다. 여기에 생수 10L를 붓고 2L가 될 때까지 푹 달인다.

3. 현미 고두밥을 25°C로 식혀서 누룩 가루 1kg, 송엽 가루와 기타 재료를 달인 물 2L와 식혜 2L를 붓고 총 10L가 되도록 생수를 부어 항아리에 3분의 2 정도로 채운다. 그다음 입구를 보자기로 덮어 고무줄로 동여매고 뚜껑을 덮는다.

4. 겨울에는 항아리를 온돌방에 놓고 담요 등으로 완전히 싼다. 가장 좋은 발효 온도는 25°C 정도이다.

5. 3~4일이 지나면 술이 발효되기 시작한다. 술이 끓기 시작하면 뚜껑을 조금 열고 담요로 몸통만 싸서 둔다. 보통 6~7일이 지나면 발효가 중단되고 맑은술이 보인다.

술을 만들 때는 반드시 현미를 사용해야 하고 가능하면 유기농법으로 재배한 것이 좋다. 또 생수에 포함된 광물질이 술 효모에 작용하기 때문에 생수를 이용해야 한다. 현미, 누룩, 엿기름, 솔잎, 과일, 생수, 공기 등의 식초 재료에 오염 물질이 들어 있으면 실패하기 쉽다.

3단계 - 초 안치기

1. 맑은술은 그대로 떠내고 나머지는 용수로 거른다. 술을 걸러서 항아리에 담는 것을 '초를 안친다.'고 말한다.
2. 용수로 걸러낸 술은 초두루미에 담는 것이 가장 좋지만 구하기 어려우므로 투박한 항아리에 담는다. 옛날부터 김장용으로 쓰던 윤기 없는 항아리면 무난하다. 초두루미는 스스로 숨을 쉬고 온도와 공기의 양을 조절해서 초산 발효가 잘되게 하는 용기인데 요즘은 구하기가 힘들다. 항아리 안팎을 깨끗하게 씻어 마른 수건으로 물기를 제거한 다음 짚을 태워 독 안을 소독한다.
3. 항아리 입구를 가제로 덮고 고무줄로 동여맨 다음 뚜껑을 덮는다.

4단계 - 보관법

1. 초를 안친 다음 벌꿀을 조금 넣으면 더욱 좋다.
2. 항아리 뚜껑을 닫고 공기가 좋은 곳에 보관한다. 맑은 공기 속에 있는 초산균이 좋은 식초를 만들기 때문이다. 공기가 오염된 도심에서는 식초 제조가 거의 불가능하다.

3. 매일 식초 항아리 표면을 저어준다. 공기 중의 초산균이 식초 표면에 얇은 초막을 형성하는데 이것을 흔들면 초산이 쉽게 침투할 수 있고 발효가 촉진되기 때문이다.

주의

식초 항아리를 이리저리 옮기거나 함부로 다루지 않는다. 식초는 빚는 자의 마음을 알기 때문이다.

〈천연 현미 송엽식초 만들 때 유의할 점〉

● 초를 안칠 때는 즐거운 마음으로 정성을 다해야 한다. 술맛을 본다고 입술이 닿은 그릇을 다시 독 안에 넣거나, 잡담을 하다가 침이 한 방울이라도 들어가서는 안 된다. 식초는 조그마한 오염에도 변질되어 뿌옇고 두꺼운 막이 생긴다. 이것을 꽃가지가 핀다고 하는데, 꽃가지가 피면 실패한 식초다.

● 좋은 식초를 만들기 위해서는 시간이 중요하다. 봄, 여름, 가을, 겨울 사계절을 느껴야 한다. 항아리 뚜껑을 열면 흰 막이 얇게 떠 있을 때도 있는데, 자주 흔든 식초에는 이 초막이 적다. 초막을 걷으면 또르르 말린다.

● 천연 현미 송엽식초는 시중에서 파는 식초처럼 맛이 강하지 않다. 미각이 예민한 사람이나 겨우 느낄 듯 말 듯 미묘한 솔향과 약간은 텁텁한 막걸리 냄새가 섞인 향이 난다. 식초를 달콤하고 맛있게 만들려면 인삼, 석류, 포도, 오디 등을 첨가하면 된다. 그러나 무엇이든 첨가해서 효능을 높이고 빛깔을 내려면 자연식에 입각한 재료를 선택해야 하고, 많은 경험과 기술이 필요하다.

● 식초는 재료 선택도 중요하지만 그에 못지않게 초산 발효 과정이 중요하다. 자체 생

산된 알코올과 초산이 아닌 소주나 양주 등 다른 알코올이나 빙초산이 한 방울이라도 섞여서는 안 된다.

● 생강의 경우 크기가 큰 것은 외국산이므로 가능한 크기가 작은 국내 토종을 사용하는 것이 좋다.

02 고혈당을 막는 현미 오디식초

오디, 불로장수의 민간 약재

오디는 뽕나무 열매인데 뽕나무의 암나무에만 달린다. 뽕나무는 한국, 중국, 일본에 분포하는 낙엽수다. 한자 이름으로는 상심桑椹, 상실桑實이라고 하며 충청도와 경상도에서는 오들개라고 부르기도 한다. 경기도와 강원도에서는 방언으로 오동나무라 부르기도 하는데 이것은 우리가 알고 있는 오동梧桐나무와는 다르다.

옛날에는 아이들이 뽕나무에 올라가 입을 까맣게 물들여가며 새콤달콤한 오디를 따먹었다.

그러나 단순히 맛으로, 또는 배고픔을 견디려고 먹던 오디가 심신을 맑게 하고 변비를 해소해주며 심지어 뇌 신경쇠약을 없애주는 놀랄만한 약효가 있다는 사실을 아는 사람은 많지 않다.

새콤달콤한 맛을 내는 오디 열매

뽕나무는 버릴 것이 조금도 없는 귀한 약나무다. 『동의보감』은 56군데, 중국의 『본초강목』은 무려 177군데서 뽕에 관한 내용을 다루었다.

열매인 오디뿐만 아니라 잎, 가지, 뿌리에서부터 뽕나무에 기생하는 상황버섯까지 뽕나무의 모든 것이 우리에게 훌륭한 민간 약재로 이용되어 왔다. 뽕나무 잎을 먹고 자라는 누에조차도 비단으로, 그 번데기는 허약체질을 개선하는 영양제로, 누에와 나방은 기혈을 보강하는 활력제로 이용되어왔다. 뽕나무 뿌리의 하얀 부분은 '상백피'라고 해서 중풍에 효과가 있다는 기록이 전해지며, 열매인 오디는 맛도 일품이지만 불로장수의 묘약이라고 할 수 있다.

일본에서는 이미 오래전부터 오디를 자양강장제로 이용하고 있다. 오디를 말려서 가루를 낸 다음 꿀 등을 넣어 환약으로 만들어서 당뇨병과 동맥경화, 고혈압 약으로 이용하고 있을 뿐만 아니라, 오디 술과 오디 잼 등도 만든다. 심지어 옷감을 짜는 비단실도 사탕, 마요네즈 등의 식품과 화장품에 혼합해서 판다고 한다. 이 비단실은 콜레스테롤을 떨어뜨린다고 알려져 있다.

우리나라에서는 연세대학교 의과대학 이원영 교수팀이 누에의 똥 속에 항암 효과가 있다는 연구결과를 발표했으며, 그 뒤로 뽕과 누에에 관한 연구가 이어지고 있다. 경희대학교 약학대학 정성현 교수는 뽕나무 잎에서 당뇨병에 유효한 성분을 뽑아내는 데 성공해 누에 가루로 당뇨병 치료제를 개발하기에 이르렀다.

우리나라와 중국에서는 오디로 빚은 술을 상심주桑椹酒 또는 선인주仙人酒라고 해서 송엽주와 더불어 아주 귀한 술로 취급했으며 보건, 강장 효과가 널리 인정되었다.

오디의 성분과 효능

뽕은 세 가지 기능을 모두 충족시키는 아주 우수한 식품이다.

첫째는 영양가를 충족시켜준다.

둘째는 맛이 좋다.

셋째는 가장 중요하다고 할 수 있는 것으로 우리 몸의 건강을 유지해주며 질병을 예방하고 치료해준다.

한국의 '잠사곤충 연구소'와 일본의 '뽕나무 유용물질 연구소'에서 발표한 뽕잎과 오디에 관한 연구결과는 다음과 같다.

뽕나무 잎은 영양가가 높다. 식물로는 드물게 단백질이 많이 들어 있는데, 이 단백질에는 숙취를 없애주는 성분이 있다. 뿐만 아니라 뇌 속 피를 잘 돌게 하고 콜레스테롤을 없애주며 치매를 예방한다. 또 식이섬유도 풍부하다. 칼슘과 철은 녹차보다 더 많이 들어있다. 칼슘은 양배추의 60배, 철은 무청의 150배 정도나 된다.

게다가 혈압을 낮추는 성분 중 하나라고 알려져 있는 '가바ḡaba'가 매우 많이 함유되어 있다. 무려 녹차의 10배 정도 된다. 혈관을 강하게 해서 뇌출혈을 막아주는 루틴도 메밀과 녹차보다 훨씬 많이 들어 있다.

오디의 대표적인 효능을 보면 다음과 같다.

오디의 성분

- 혈압 강하 : 오디의 가바 성분이 혈압을 제어한다.

- 혈당 강하 : 오디를 먹으면 인슐린을 분비하는 세포의 수가 늘어나 혈당치를 낮춘다.

- 고지혈증 억제 : 혈청 속의 콜레스테롤 수치만 낮추는 것이 아니고 인지질과 중성지방이 올라가는 것도 억제한다.

- 변비 해소 : 오디에 함유된 식이섬유는 대장 운동을 촉진시키기 때문에 변비에 좋다.

- 암 세포 증가 억제 : 암 세포가 늘어나는 것뿐만 아니라 발생 면적까지 억제한다.

- 노화 억제 : 오디에는 여러 가지 항산화 성분이 있어서 우리 몸에 생기는 과산화물을 없애주어 노화를 방지한다.
- 신경 강화 : 오디는 내분비 기능을 좋게 해서 불면증, 건망증, 신경쇠약, 노이로제, 치매 예방에 좋다.

오디는 처음에는 파란색인데 차차 붉어지다가 다 익으면 자주색에서 흑자색으로 변한다. 오디로 식초를 만들면 형용할 수 없을 정도로 아름다운 흑장미 색이 된다. 오디를 설탕에 절이거나 소주에 담가서 과일주를 만드는 것은 건강에 오히려 해가 된다.

현미 오디식초 만들기

재료

현미 3.2kg, 누룩 가루 1kg, 오디 160g, 생강 80g, 쑥 40g, 대추 40g, 식혜 2L

만드는 법

1단계 - 누룩 만들기 현미 송엽식초 제조와 동일

1. 토종 밀에 녹두 10퍼센트를 첨가해서 거칠게 빻는다. 이때 밀은 방앗간에 가서 누룩용을 달라고 하면 된다.

2. 밀기울 밀을 빻아 체로 쳐서 남은 찌꺼기 이 겨우 엉키게 물을 넣고 비빈다.

3. 반죽을 누룩 틀이나 그릇 같은 것에 담아 보자기로 싸서 누르고 단단

히 밟아 누룩의 형을 만든다. 누룩을 반죽할 때 너무 질면 술이 붉어지고 고리타분한 누룩 냄새가 나며, 너무 건조하면 발효가 잘 안 되어서 알코올 도수가 낮아지기 때문에 주의해야 한다. 손으로 꽉 쥐면 엉킬 정도로 반죽한다.

4. 밟은 누룩을 뒤집어가면서 이틀 정도 말려 누룩 사이사이에 짚을 채운 뒤 차곡차곡 세워 담요로 덮는다. 여름에는 헛간에 짚을 깔고 가마니 등으로 덮어두어도 된다. 삼복더위가 아닐 때는 온돌을 이용하는데, 알맞은 온도는 30℃ 정도다.

5. 20일 정도 발효시킨 후 빻아서 2~3일간 밤낮으로 이슬을 맞힌다. 햇볕을 쬐고 이슬을 맞히는 것은 누룩 자체의 나쁜 냄새를 제거해서 향이 좋은 술을 만들고 곰팡이 등의 잡균을 없애기 위해서다. 좋은 술이 좋은 식초가 되는 것은 두말할 필요도 없다.

주의 1

누룩을 만드는 것은 식초 양조법의 기본이지만 방법이 까다로워서 매 단계마다 세심하게 주의를 기울여야 하고 경험도 많아야 한다. 따라서 누룩을 만든 경험이 있는 사람에게 도움을 받는 게 좋다. 제조하기에 가장 좋은 시기는 6월이며, 가능하면 여름에 만드는 것이 낫다.

주의 2

시장에서 판매하는 밀은 대부분 수입 밀이다. 수입 밀은 수확 후에 만 21종의 농약을 치기 때문에 심지어 발암물질까지 검출되기도 한다. 반면 토종 밀은 늦가을에 씨를 뿌리고 초여름에 거두기 때문에 농약을 쓰지 않아도 되는 무공해 건강식품이다. 식초는 재료의 오염 정도에 민감하기 때문에 수입 밀로 만든 누룩을 사용하면 실패하기 쉬울 뿐만 아니라 품질이 좋은 식초를 만들 수 없다.

2단계 - 술 빚기

1. 현미 3.2kg을 생수에 여덟 시간 불린 다음 압력밥솥에 넣고 고두밥을 짓는다.

2. 오디 생것으로 160g, 생강 80g, 쑥 40g, 대추 40g을 넣고 골고루 섞는다. 여기에 생수 10L를 붓고 2L가 될 때까지 푹 달인다.

3. 현미 고두밥을 25°C로 식혀서 누룩 가루 1kg, 오디와 기타 재료를 달인 물 2L와 식혜 2L를 붓고 총 10L가 되도록 생수를 부어 항아리에 3분의 2 정도로 채운 다음 입구를 보자기로 덮어 고무줄로 동여매고 뚜껑을 덮는다.

4. 겨울에는 항아리를 온돌방에 놓고 담요 등으로 완전히 싼다. 가장 좋은 발효 온도는 30°C 정도이다.

5. 3~4일이 지나면 술이 발효되기 시작한다. 술이 끓기 시작하면 뚜껑을 조금 열고 담요로 몸통만 싸서 둔다. 보통 6~7일이 지나면 발효가 중단되고 맑은술이 보인다.

주의

술을 만들 때는 반드시 현미를 사용해야 하고 가능하면 유기농법으로 재배한 것이 좋다. 또 생수에 포함된 광물질이 술 효모에 작용하기 때문에 생수를 이용해야 한다. 현미, 누룩, 엿기름, 솔잎, 과일, 생수, 공기 등의 식초 재료에 오염 물질이 들어 있으면 실패하기 쉽다.

3단계 - 초 안치기

1. 맑은술은 그대로 떠내고 나머지는 용수로 거른다. 술을 걸러서 항아리에 담는 것을 '초를 안친다.'고 말한다.

2. 용수로 걸러낸 술은 초두루미에 담는 것이 가장 좋지만 구하기 어려우므로 투박한 항아리에 담는다. 옛날부터 김장용으로 쓰던 윤기 없는 항아리면 무난하다. 초두루미는 스스로 숨을 쉬고 온도와 공기의 양을 조절해서 초산 발효가 잘되게 하는 용기인데 요즘은 구하기가 힘들다. 항아리 안팎을 깨끗하게 씻어 마른 수건으로 물기를 제거한 다음 짚을 태워 독 안을 소독한다.

3. 항아리 입구를 가제로 덮고 고무줄로 동여맨 다음 뚜껑을 덮는다.

4단계 - 보관법

1. 초를 안친 다음 벌꿀을 2홉 넣으면 더욱 좋다.

2. 항아리 뚜껑을 닫고 공기가 좋은 곳에 보관한다. 맑은 공기 속에 있는 초산균이 좋은 식초를 만들기 때문이다. 공기가 오염된 도심에서는 식초 제조가 거의 불가능하다.

3. 매일 식초 항아리를 끌어안고 흔들어준다. 공기 중의 초산균이 식초 표면에 엷은 초막을 형성하는데 이것을 흔들면 초산이 쉽게 침투할 수 있고 발효가 촉진되기 때문이다.

식초 항아리를 이리저리 옮기거나 함부로 다루지 않는다. 식초는 빚는 자의 마음을 알기 때문이다.

〈천연 현미 오디식초 만들 때 유의할 점〉

● 초를 안칠 때는 즐거운 마음으로 정성을 다해야 한다. 술맛을 본다고 입술이 닿은 그릇을 다시 독 안에 넣거나, 잡담을 하다가 침이 한 방울이라도 들어가서는 안 된다. 식초는 조그마한 오염에도 변질되어 뿌옇고 두꺼운 막이 생긴다. 이것을 꽃가지가 핀다고 하는데, 꽃가지가 피면 실패한 식초다.

● 좋은 식초를 만들기 위해서는 시간이 중요하다. 봄, 여름, 가을, 겨울 사계절을 느껴야 한다. 항아리 뚜껑을 열면 흰 막이 엷게 떠 있을 때도 있는데, 자주 흔든 식초에는 이 초막이 적다. 초막을 걷으면 또르르 말린다.

● 식초는 재료 선택도 중요하지만 그에 못지않게 초산 발효 과정이 중요하다. 자체 생산된 알코올과 초산이 아닌 소주나 양주 등 다른 알코올이나 빙초산이 한 방울이라도 섞여서는 안 된다.

03 염증을 다스리는 현미 옻꿀식초

신들의 식량, 꿀

예로부터 꿀은 강장 작용이 있다고 전해 내려온다. 고대 로마의 시인 오비디우스가 쓴 『아르스 아마토리아Ars Amatoria』라는 책에는 "외박을 하고 온 다음날 아내가 눈치 채지 못하게 하려면 양파, 계란, 꿀, 잣을 먹으면 좋다."는 내용이 있다. 또 천연 벌꿀은 얼굴에 윤기가 돌게 하며 오래 복용하면 백발이 검어지고 젊어지는 효과가 있다고 전해 내려온다.

이집트에서는 꿀벌의 모양을 왕권을 의미하는 것으로 사용했으며, 또 악령을 쫓는 부적 같은 힘이 있다고 생각했다. 그래서 파라오의 옥새를 제작할 때도 꿀을 썼다. 또한 생일잔치에서 어린아이의 입술에 꿀을 바르는 의식이 있었으며, 결혼 선물로 꿀이 쓰였다고 한다.

또 악령에게서 사체를 보호하기 위해 미라에 꿀을 발랐고 파라오의 무덤에도 꿀단지를 넣었다. 고대 이집트의 피라미드에서 약 3천 년 전의 꿀단지가 발견된 일이 있었다. 뚜껑을 열어보니 그렇게 오래 묵은 것이라고는 도저히 믿어지지 않을 정도로 좋은 향기가 나고 변질이 안 되었다고 한다. 꿀은 저장성이 뛰어난 자연식품이라는 것이 입증된 셈이다.

이 당시의 꿀은 식품이라기보단 약에 가까웠다. 고대 이집트에는 상처를 입었을 때 꿀에 담근 헝겊으로 붕대를 만들어 4일 동안 감으면 화상이나 그밖의 피부병에도 효험을 보였다는 기록이 있다. 중국에서도 옛날부터 꿀을 강장 식품으로 이용해왔고 한방에서도 강장제로 환약을 만들 때 반드시 꿀을 썼다. 서양의학의 시조인 히포크라테스도 꿀을 치료용으로 이용했다고 알려져 있다.

꿀이 약용이 아니라 일상 식품으로 쓰이게 된 것은 그리스, 로마 시대부터다. 아피키우스라는 사람이 쓴 당시의 요리책에는 꿀을 이용한 다양한 요리가 소개되어 있다. 소금을 안 쓰고 고기를 신선한 상태로 저장할 때 꿀을 이용하는 법, 돼지고기와 쇠고기를 보존할 때 꿀, 겨자, 식초, 소금 등을 이용하는 법 등 꿀의 살균력을 최대한으로 이용한 요리 비법이 기록되어 있다.

고대 로마 사람들은 꿀을 '하늘의 이슬'이라고 했고, 그리스에서는 꿀을 '신들의 식량'이라고 했다. 성서에는 하나님이 가라고 명한 가나안 땅이 '젖과 꿀이 흐르는 선택받은 곳'으로 묘사되어 있을 만큼 벌꿀은 온 인류가 오래전부터 귀하게 여기고 애용해온 자연 건강 식품이다.

우리나라에서도 꿀은 식용과 약용으로 널리 이용되는데 유밀과_油과 등가 고려조에 성행했고, 광해군 때 허균의 저서인 『도문대작_{屠門大嚼}』에 소개된 식품류 중 꿀편을 보면 "꿀은 강원도 평창산이 가장 좋고 황해도 곡산산도 우수하다."고 기록되어 있다.

꿀의 성분과 효능

꽃이 머금고 있는 단물은 아직 꿀이 아니다. 이것은 식물의 자방 주변에서 분비되는 자당 성분으로 꽃꿀 또는 화밀이라고 한다. 이 꽃꿀을 꿀벌이 혀로 빨아 꿀주머니에 저장하고 토해내는 과정에서 배속의 전화 효소와 어금니에서 분비한 파로틴 호르몬을 가미해 포도당과 과당으로 전화시킨 것이 벌꿀이다. 자연계의 꿀은 아무런 가공 없이 손쉽게 얻을 수 있고, 특히 다른 식품과는 달리 완전 무독, 무해하므로 남녀노소 어떠한 중환자가 먹어도 안전하다.

꿀의 성분은 벌이 꿀을 빨아 오는 원천에 따라 약간 차이가 있기는 하나 대체로 당질이 78퍼센트 가량인데, 그 중 과당이 47퍼센트, 포도당이 37퍼센트 정도여서 소화가 잘 되고 흡수력이 높다. 그러나 17퍼센트 가량의 수분에 단백질과 무기질이 0.2퍼센트 가량 있고 비타민, 유기산, 방향물질, 화분 등이 들어있어 설탕이나 단순한 포도당 등과는 성분이나 성질이 근본적으로 다르다.

비타민류로는 B1, B2, B6, 엽산, 판토텐산, 니아신, 비오틴, 비타민C 등이 들어있고 무기질로는 칼슘, 철분, 구리, 망간, 인, 유황, 칼륨, 염소, 나트륨, 규소, 마그네슘 등이 들어있다.

위장이 약한 사람에게는 꿀이 특히 좋다. 두 시간 이내에 흡수되고 대사되어 피로를 푸는 데 좋으며, 매일 먹으면 신진대사가 촉진되고 피부가 부드러워진다. 그것은 비타민B6가 피부가 거칠어지는 것을 막아주기 때문이다.

조혈효과도 있으며 변비에도 특히 잘 듣는다. 술 먹고 체한 데는 꿀물에 칡가루를 타서 먹으면 효과가 빠르다.

겨울에 입술이 틀 때 꿀을 바르거나 먹으면 잘 낫고, 목이 쉬거나 아플 때에도 좋다. 최근에는 화장품에도 많이 쓰인다.

또 몸에 혈액을 늘리고 기침을 멎게 하는 작용을 하며, 위·십이지장 궤양 방지, 신경 진정 작용, 숙취해소, 이뇨와 신경통 치료 등 다양한 효과가 있다.

미국의 장수촌으로 알려진 버몬트 지방에는 특별한 건강 음료가 전해 내려오는데 바로 꿀 음료인 '버몬트 음료'다. 이것은 꿀 두 숟가락과 사과식초 두 숟가락을 생수 한 컵에 탄 것이다. 새콤달콤한 이 음료가 바로 이 지방의 장수비결이라고 알려져 있다.

효소가 살아있는 진짜 꿀과 효소가 죽어있는 가짜 꿀

벌꿀은 벌들이 만들어낸 효소의 보고다. 벌들이 꽃에서 채취한 당분을 위에 넣어와서 벌집 안에 토해내고 효소를 분비해서 숙성시켰을 때 비로소 꿀이 된다. 벌의 위장 안에서 분비된 효소가 전분이 많은 꽃의 화밀花蜜을 과당이나 포도당으로 전환시켜 흡수가 잘 되게 만든 것이다.

반대로 말하면 벌의 효소에 의한 분해 과정을 거치지 않고 화밀만 채취해 모아놓은 것은 제대로 된 꿀이라 보기 힘들다. 어떤 아카시아 밀원에서는 꿀벌 없이 꽃에서 직접 채취한 것이라며 꿀을 판매하기도 한다. 설탕을 넣지 않은 꿀이라며 홍보하지만 이러한 화밀은 꿀이 아니다.

또한 꿀을 과열 농축시켜 단기간에 수분을 빼낸 것은 효소가 없는 죽은 꿀이다. 이러한 꿀은 건강에 도움이 되지 않으며, 단순히 맛이나 칼로리를 낼 수 있는 식품에 지나지 않는다.

옛날에는 입술이 트고 입안이 헐면 꿀을 발랐다. 자연 숙성된 꿀은 살균 기능이 있어서 점막의 염증이 잘 치료되기 때문이다. 그러나 농축된 꿀에는 그런 효능이 없다.

옻, 난치병을 고치는 자연의 치료제

옻은 천연 방부제이자 살충제이며, 위장에는 소화제가 되고 간에는 어혈약이 되어 염증을 다스린다. 또 심장에는 청결제가 되어 심장병을 다스리고, 폐에는 살균제가 되어 폐결핵균을 멸하며, 신장에는 정화, 이뇨 작용을 해서 신장 기능을 강화한다. 그밖에 신경통, 관절염, 피부병 등에도 훌륭한 약이다.

우리 조상들은 깊은 지혜와 높은 안목으로 전국 각 야산에 옻, 삼 등 많은 약재의 씨앗을 뿌렸지만 무지한 후손들이 마구 훼손해서 개체수가 감소했다. 그 결과 각종 난치병과 괴질, 암 등이 횡행하는 오늘날 그것을 효과적으로 다스릴 수 있는 이들 약재를 구하기가 어렵게 되었다. 참으로 안타까운 노릇이다.

야산에 옻나무, 음양곽, 산삼, 자초 등 약재가 많으면 그 지역에 서식하는 모든 동물이 몸속에 특이한 약성을 간직한다. 예를 들어 백두산 사슴의 녹용과 강원도 사슴의 녹용은 약효로 보면 강원도 것이 훨씬 우수한데, 그것은 강원도 지역에 옻나무, 음양곽, 산삼, 자초 등이 많아 사슴의 좋은 사료가 되기 때문이다. 노루와 웅담, 사향 등도 사료 때문에 약효에서 차이가 난다.

또 노루 간은 노년기의 눈을 밝아지게 하는 좋은 약인데, 옻나무와 음양곽이 없는 지역의 노루 간은 효과가 크게 떨어진다. 사향노루는 옻순을 뜯어 먹고 살기 때문에 옻나무가 없는 지역의 사향은 약효가 훨씬 적다.

우리나라에서 옻나무와 여러 가지 약초가 풍부한 곳은 강원도와 지리산 일대이다. 옻나무는 각종 암과 난치병 치료 효과가 산삼과 비견할 만큼 뛰어나다.

옻꿀의 등장

그러나 옻을 사람이 직접 복용할 수는 없다. 심한 두드러기와 가려움증이 생기며 심장과 폐에 부작용이 일어나서 사망할 수도 있다. 그렇기 때문에 닭 또는 오리에게 그 꽃을 먹여 길러서 옻닭과 옻오리를 만들어 먹거나 간장독에 3년 이상 담가 옻간장을 만들어 쓴다.

옻나무 근처에 서식하는 꿀벌이 만든 '옻꿀'은 부작용을 피하고 옻을 섭취할 가장 좋은 방법이라 할 수 있다. 옻꿀은 꿀의 효능으로 인해 옻나무 잎이나 껍질, 뿌리보다 옻의 유전인자를 더욱 많이 함유하게 된다. 벌이 이미 한번 소화해서 자기들 식량으로 육각형 벌통 속에 저장했기 때문에 부작용이 없고 안전하다. 게다가 인간의 손이 전혀 타지 않은 자연 그대로이기에 옻닭, 옻오리, 옻간장 등과 같은 가공된 식품이나 비방보다 효능이 월등하다.

옛날에는 옻나무 꿀이 없었다. 벌도 힘이 약한 땅벌인데다 옻나무가 있는 산골로 이동할 수 있는 길도, 차도, 벌통도 없었다. 그러나 도로가 발달하고 양봉업이 전문화되면서 강원도 오대산 깊은 골에서 수년 주기로 옻나무 꿀이 생산된다.

여하간 옻꿀만큼 자양강장 효과가 큰 식품도 드물다는 것을 알 수 있다. 약성이 강한 옻과 꿀 그리고 천연식초의 만남은 참으로 대단한 것이다. 옻꿀 식초뿐만 아니라 천연식초에 옻꿀을 타서 마셔도 효과가 크다.

아주 드물게 천연식초를 마시고 술에 취한 듯한 기분을 느낀다는 사람과 꿀을 먹고 약간 옻이 탄다는 사람이 있는데, 이는 오히려 좋은 현상이다. 전자는 혈액순환이 촉진되는 것이고, 후자는 약효가 더 분명하게 나타나는 것으로 보면 된다.

현미 옻꿀식초 만들기

재료

현미 3.2kg, 누룩 가루 1kg, 옻꿀 160g, 생강 80g, 쑥 40g, 대추 40g, 식혜 2L

만드는 법

1단계 - 누룩 만들기 현미 송엽식초 제조와 동일

1. 토종 밀에 녹두 10퍼센트를 첨가해서 거칠게 빻는다. 이때 밀은 방앗간에 가서 누룩용을 달라고 하면 된다.

2. 밀기울 밀을 빻아 체로 쳐서 남은 찌꺼기이 겨우 엉키게 넣고 비빈다.

3. 반죽을 누룩 틀이나 그릇 같은 것에 담아 보자기로 싸서 누르고 단단히 밟아 누룩의 형을 만든다. 누룩을 반죽할 때 너무 질면 술이 붉어지고 고리타분한 누룩 냄새가 나며, 너무 건조하면 발효가 잘 안 되어서 알코올 도수가 낮아지기 때문에 주의해야 한다. 손으로 꽉 쥐면 엉킬 정도로 반죽한다.

4. 밟은 누룩을 뒤집어가면서 이틀 정도 말려 누룩 사이사이에 짚을 채

운 뒤 차곡차곡 세워 담요로 덮는다. 여름에는 헛간에 짚을 깔고 가마니 등으로 덮어두어도 된다. 삼복더위가 아닐 때는 온돌을 이용하는데, 알맞은 온도는 30℃ 정도다.

5. 20일 정도 발효시킨 후 빨아서 2~3일간 밤낮으로 이슬을 맞힌다. 햇볕을 쬐고 이슬을 맞히는 것은 누룩 자체의 나쁜 냄새를 제거해서 향이 좋은 술을 만들고 곰팡이 등의 잡균을 없애기 위해서다. 좋은 술이 좋은 식초가 되는 것은 두말할 필요도 없다.

주의 1

누룩을 만드는 것은 식초 양조법의 기본이지만 방법이 까다로워서 매 단계마다 세심하게 주의를 기울여야 하고 경험도 많아야 한다. 따라서 누룩을 만든 경험이 있는 사람에게 도움을 받는 게 좋다. 제조하기에 가장 좋은 시기는 6월이며, 가능하면 여름에 만드는 것이 낫다.

주의 2

시장에서 판매하는 밀은 대부분 수입 밀이다. 수입 밀은 수확 후에 만 21종의 농약을 치기 때문에 심지어 발암물질까지 검출되기도 한다. 반면 토종 밀은 늦가을에 씨를 뿌리고 초여름에 거두기 때문에 농약을 쓰지 않아도 되는 무공해 건강식품이다. 식초는 재료의 오염 정도에 민감하기 때문에 수입 밀로 만든 누룩을 사용하면 실패하기 쉬울 뿐만 아니라 품질이 좋은 식초를 만들 수 없다.

2단계 - 술 빚기

1. 현미 3.2kg을 생수에 여덟 시간 불린 다음 압력밥솥에 넣고 고두밥을 짓는다.

2. 옻꿀 160g, 생강 80g, 쑥 40g, 대추 40g을 넣고 골고루 섞는다. 여기에 생수 10L를 붓고 2L가 될 때까지 푹 달인다.

3. 현미 고두밥을 25°C로 식혀서 누룩 가루 1kg, 옻꿀과 기타 재료를 달인 물 2L와, 식혜 2L를 넣고 총 10L가 되도록 생수를 부어 항아리에 3분의 2 정도 채운 다음 입구를 보자기로 덮어 고무줄로 동여매고 뚜껑을 덮는다.

4. 겨울에는 항아리를 온돌방에 놓고 담요 등으로 완전히 싼다. 가장 좋은 발효 온도는 30°C 정도이다.

5. 3~4일이 지나면 술이 발효되기 시작한다. 술이 끓기 시작하면 뚜껑을 조금 열고 담요로 몸통만 싸서 둔다. 보통 6~7일이 지나면 발효가 중단되고 맑은술이 보인다.

주의

술을 만들 때는 반드시 현미를 사용해야 하고 가능하면 유기농법으로 재배한 것이 좋다. 또 생수에 포함된 광물질이 술 효모에 작용하기 때문에 생수를 이용해야 한다. 현미, 누룩, 생수, 공기 등의 재료에 오염 물질이 들어 있으면 실패하기 쉽다.

3단계 - 초 안치기

1. 맑은술은 그대로 떠내고 나머지는 용수로 거른다. 술을 걸러서 항아

리에 담는 것을 '초를 안친다.'고 말한다.

2. 용수로 걸러낸 술은 초두루미에 담는 것이 가장 좋지만 구하기 어려우므로 투박한 항아리에 담는다. 옛날부터 김장용으로 쓰던 윤기 없는 항아리면 무난하다. 초두루미는 스스로 숨을 쉬고 온도와 공기의 양을 조절해서 초산 발효가 잘되게 하는 용기인데 요즘은 구하기가 힘들다. 항아리 안팎을 깨끗하게 씻어 마른 수건으로 물기를 제거한 다음 짚을 태워 독 안을 소독한다.

3. 항아리 입구를 가제로 덮고 고무줄로 동여맨 다음 뚜껑을 덮는다.

4단계 - 보관법

1. 초를 안친 다음 벌꿀을 2홉 넣으면 더욱 좋다.

2. 항아리 뚜껑을 닫고 공기가 좋은 곳에 보관한다. 맑은 공기 속에 있는 초산균이 좋은 식초를 만들기 때문이다. 공기가 오염된 도심에서는 식초 제조가 거의 불가능하다.

3. 매일 식초 항아리를 끌어안고 흔들어준다. 공기 중의 초산균이 식초 표면에 엷은 초막을 형성하는데 이것을 흔들면 초산이 쉽게 침투할 수 있고 발효가 촉진되기 때문이다.

주의

식초 항아리를 이리저리 옮기거나 함부로 다루지 않는다. 식초는 빚는 자의 마음을 알기 때문이다.

〈천연 현미 옻꿀식초 만들 때 유의할 점〉

● 초를 안칠 때는 즐거운 마음으로 정성을 다해야 한다. 술맛을 본다고 입술이 닿은 그릇을 다시 독 안에 넣거나, 잡담을 하다가 침이 한 방울이라도 들어가서는 안 된다. 식초는 조그마한 오염에도 변질되어 뿌옇고 두꺼운 막이 생긴다. 이것을 꽃가지가 핀다고 하는데, 꽃가지가 피면 실패한 식초다.

● 좋은 식초를 만들기 위해서는 시간이 중요하다. 봄, 여름, 가을, 겨울 사계절을 느껴야 한다. 항아리 뚜껑을 열면 흰 막이 엷게 떠 있을 때도 있는데, 자주 흔든 식초에는 이 초막이 적다. 초막을 걷으면 또르르 말린다.

● 식초는 재료 선택도 중요하지만 그에 못지않게 초산 발효 과정이 중요하다. 자체 생산된 알코올과 초산이 아닌 소주나 양주 등 다른 알코올이나 빙초산이 한 방울이라도 섞여서는 안 된다.

04 간 질환 환자를 위한 다슬기식초

최고의 간 치료제 다슬기

한국에는 유난히 간 질환에 시달리는 사람이 많다. 과로와 폭음으로 간을 혹사시키고 있기 때문이다. 국내에서 판매되고 있는 간 관련 건강식품 및 제약 상품의 판매량만 연 1,500억 원에 이른다고 한다.

간세포와 미토콘드리아에 불길을 질러 독소를 배출시키고 간을 기사회생시키는 천하제일의 항산화 효소가 없을까? 단 한 가지만 소개하라면 다슬기식초를 추천하고 싶다. 다슬기가 간 질환에 좋다는 내용은 몇 권의 책을 쓰고도 남을 정도로 많다.

고둥의 일종 다슬기

다슬기는 주로 우리나라와 일본에서 볼 수 있는 손톱만한 크기를 지닌 연체동물의 일종이다. 강이나 민물에서 돌 밑에 붙어사는데 소라나 고둥과 같은 껍데기를 지니고 있다.

다슬기 피에는 푸른 색소가 많이 들어있는데 이는 간 질환을 치료하는 데 매우 유익하다는 연구결과가 있다. 이 푸른 색소는 혈액 속에 헤모글로빈을 만드는 미네랄의 색깔이다. 이렇게 간에 좋다는 인식 때문에 다슬기는 흔히 '물속의 웅담'이라 불리기도 한다.

다슬기가 간에 좋다는 효능은 실제 연구를 통해서도 증명되었다. 다슬기에서 추출한 물질을 간 손상이 유발된 쥐에 투여했더니 대조군에 비해 간지방 대사가 활발해졌다. 다슬기가 간 기능 회복에 도움을 주는 것이다. 실제로 간 기능이 개선된 쥐를 해부했더니 변성된 간세포와, 지방간, 울혈된 조직이 회복되어 있었다.

『동의보감』과 『본초강목』을 보면 다슬기는 피를 맑게 해 두통, 어지럼증 등의 질환을 치료한다고 나와있다. 두통과 어지럼증은 흔히 스트레스, 음주, 흡연으로 간 기능이 떨어지면 나타나는 증상들인데, 간 기능 저하로 인해 각종 영양분이 대사되지 않아 인체 내에 에너지가 부족해져 발생하는 현상이다. 다슬기는 간을 회복시키는 데 뛰어난 능력이 있어 가능한 것이다.

아세트알데히드는 우리가 술을 마시면 알코올이 분해되는 과정에서 생성되는 물질로 숙취의 원인이라고 알려져 있다. 다슬기에서 추출한 물질은 이 아세트알데히드를 분해하는 데에도 효과적인 것으로 드러났다.

풍부한 칼슘과 마그네슘

다슬기의 영양성분은 매우 훌륭하다. 다슬기에 함유된 지방의 70%는 불포화지방이며 대부분이 동맥경화와 뇌졸중을 개선시키는 EPA, DHA로 이뤄져있다고 한다.

또한 다슬기에는 칼슘과 마그네슘이 풍부하게 들어있다고 한다. 칼슘과 마그네슘은 신체 내 근육의 수축과 이완을 담당하기에 우리 몸에서 아주 필수적인 미네랄이다. 우리 몸의 혈액을 움직이는 것 또한 결국 근육에 의해 일어나는 일이다. 따라서 칼슘과 마그네슘이 부족할 경우 혈액의 순환이 되지 않는다.

근육이 뭉치고 눈밑이 떨리거나 손발이 저리고 찬 것 모두 마그네슘의 결핍으로 인해 일어난다. 또한 혈액을 운반하는 근육이 제대로 활성화되지 않으면 머리로 혈액이 잘 공급되지 못해 긴장성 두통이 일어나기도 한다. 특히 마그네슘이 부족해지면 신경이 불안정해져 흥분이나 긴장된 상태가 유지된다. 우울증, 불면증, 신경과민 환자를 살펴보면 마그네슘이 부족해져 있는 경우가 많다.

세계 최초로 다슬기식초를 제조하다

다슬기식초는 내가 세계에서 최초로 만든 것이라 할 수 있다. 다슬기를 한약재에 혼합하거나 달여 진액을 만든 경우는 있었지만, 세상 그 누구도 다슬기를 누룩, 현미, 엿기름, 오미자, 생강, 도라지로 발효시켜 식초를 만든 사람은 없다. 수년간 다슬기식초를 만들기 위해 심혈을 기울였고 마침내 성공하여 이를 특허로 내기도 했다.

　다슬기식초는 시중에서 판매하는 식초처럼 쏘는 듯한 맛이 나지 않는다. 다슬기와 약초가 혼합된 미묘한 맛과 향기가 나며 약간은 구수하고 텁텁한 누룩 냄새가 느껴진다.

　이러한 다슬기식초는 다슬기의 생약 성분을 파괴하지 않고 풍부하게 함유하면서도 식초를 통해 미네랄의 흡수력을 극대화하기에 만성간염 보균자들에게 생명수와 같다. 특히 다슬기식초에 옻꿀을 첨가하면 효과가 월등히 좋아진다. 옻꿀은 차가운 간을 따뜻하게 하기 때문이다.

다슬기식초 만들기

재료

다슬기 진액 추출 : 큰 가마솥, 다슬기 2kg, 오미자 500g, 생강 1kg, 도라지 500g, 절구

술 빚기 : 현미 3.2kg, 누룩 가루 1.6kg, 엿기름 320g, 다슬기 · 오미자 · 생강 · 도라지 달인 물 4L

1단계 - 다슬기 진액 추출

1. 깨끗한 물에 다슬기 2kg을 담가 세 시간 정도 해감한다.

2. 다슬기를 가볍게 문질러서 껍데기 부분의 지저분한 불순물을 가볍게 씻은 후 물에 헹군다. 오미자, 생강, 도라지도 깨끗하게 씻어둔다.

3. 잘 씻은 다슬기를 절구에 넣어 깨뜨린다. 다슬기 껍데기에도 간에 좋은 물질이 포함되어 있으므로 완전 부수는 게 아닌 깨뜨리는 정도로만 힘을 가한다.

4. 솥에 분쇄한 다슬기 2kg과 오미자 500g, 생강 1kg, 도라지 500g을 넣고 생수 20L를 붓는다. 솥뚜껑 손잡이가 솥 안에 들어가도록 뒤집어서 뚜껑을 닫는다.

5. 불을 올리고 물이 끓을 때까지 센 불로 달인 뒤 이후 약한 불로 은근하게 달인다.

6. 덮어놓은 솥뚜껑의 가운데 오목한 부분에 찬물을 가득 채운다. 가마솥 안의 더운 공기와 바깥의 찬 공기가 솥뚜껑을 경계로 만나 끓어오르던 수증기가 물로 변해 손잡이를 타고 다시 솥 안으로 떨어지게 된다. 다슬기의 좋은 성분을 지닌 증기가 솥 밖으로 나가지 않게 하기 위해서다.

7. 불의 강도에 따라 차이는 있겠지만 최소한 48시간 이상 달여야 한다. 7~8시간 달이면 다슬기액이 푸른색이 되는데, 더 달여서 검은색이 되도록 해야 한다. 가마솥 내의 물이 줄어들면 처음 달이기 시작할 때의 양만큼 계속해서 보충해서 새카만 다슬기 진액 4L를 만든다.

솥을 끓이는 불은 소나무 장작불로 하는 게 좋다. 가스불은 차선이다.

한방에서 쓰는 농축 기계로 다슬기를 달이면, 지나친 고열로 인한 단백질 변성이 일어나 효능이 떨어진다.

2단계 - 누룩 만들기 현미 송엽식초 제조와 동일

1. 토종 밀에 녹두 10퍼센트를 첨가해서 거칠게 빻는다. 이때 밀은 방앗간에 가서 누룩용을 달라고 하면 된다.

2. 밀기울밀을 빻아 체로 쳐서 남은 찌꺼기이 겨우 엉키게 물을 넣고 비빈다.

3. 반죽을 누룩 틀이나 그릇 같은 것에 담아 보자기로 싸서 누르고 단단히 밟아 누룩의 형을 만든다. 누룩을 반죽할 때 너무 질면 술이 붉어지고 고리타분한 누룩 냄새가 나며, 너무 건조하면 발효가 잘 안 되어서 알코올 도수가 낮아지기 때문에 주의해야 한다. 손으로 꽉 쥐면 엉킬 정도로 반죽한다.

4. 밟은 누룩을 뒤집어가면서 이틀 정도 말려 누룩 사이사이에 짚을 채운 뒤 차곡차곡 세워 담요로 덮는다. 여름에는 헛간에 짚을 깔고 가마니 등으로 덮어두어도 된다. 삼복더위가 아닐 때는 온돌을 이용하는데, 알맞은 온도는 30℃ 정도다.

5. 20일 정도 발효시킨 후 빻아서 2~3일간 밤낮으로 이슬을 맞힌다. 햇볕을 쬐고 이슬을 맞히는 것은 누룩 자체의 나쁜 냄새를 제거해서 향

이 좋은 술을 만들고 곰팡이 등의 잡균을 없애기 위해서다. 좋은 술이 좋은 식초가 되는 것은 두말할 필요도 없다.

누룩을 만드는 것은 식초 양조법의 기본이지만 방법이 까다로워서 매 단계마다 세심하게 주의를 기울여야 하고 경험도 많아야 한다. 따라서 누룩을 만든 경험이 있는 사람에게 도움을 받는 게 좋다. 제조하기에 가장 좋은 시기는 6월이며, 가능하면 여름에 만드는 것이 낫다.

시장에서 판매하는 밀은 대부분 수입 밀이다. 수입 밀은 수확 후에 만 21종의 농약을 치기 때문에 심지어 발암물질까지 검출되기도 한다. 반면 토종 밀은 늦가을에 씨를 뿌리고 초여름에 거두기 때문에 농약을 쓰지 않아도 되는 무공해 건강식품이다. 식초는 재료의 오염 정도에 민감하기 때문에 수입 밀로 만든 누룩을 사용하면 실패하기 쉬울 뿐만 아니라 품질이 좋은 식초를 만들 수 없다.

3단계 - 술 빚기

1. 현미 3.2kg을 생수에 8시간 정도 불려서 고두밥을 만든다.
2. 큰 항아리에 현미 고두밥을 25°C로 식혀서 누룩 가루 1.6kg과 엿기름 320g, 다슬기 · 오미자 · 생강 · 도라지 달인 물 4L를 넣고 잘 섞는다. 여기에다 총 10L가 되도록 생수를 붓는다.
3. 항아리에 3분의 2 정도 채운 다음 입구를 보자기로 덮어 고무줄로 동

여매고 뚜껑을 덮는다.

4. 겨울에는 항아리를 온돌방에 놓고 담요 등으로 완전히 싼다. 가장 좋은 발효 온도는 25℃ 정도다.

5. 3~4일이 지나면 술이 발효되기 시작한다. 보통 7~8일이 지나면 발효가 중단되고 맑은술이 보인다.

주의 1

술이 가장 발효하기 좋은 시기는 봄과 가을이다.

주의 2

현미는 유기농 현미를 사용하며 물은 술맛과 효능을 좌우하므로 용존산소가 많은 깨끗한 생수를 사용한다. 수돗물을 끓여서 사용하는 수준으로는 좋은 식초를 빚을 수 없다.

4단계 - 초 안치기

1. 맑은술은 그대로 떠내고 나머지는 용수로 거른다. 술을 걸러서 항아리에 담는 것을 '초를 안친다.'고 말한다.

2. 용수로 걸러낸 술은 초두루미에 담는 것이 가장 좋지만 구하기 어려우므로 투박한 항아리에 담는다. 옛날부터 김장용으로 쓰던 윤기 없는 항아리면 무난하다. 초두루미는 스스로 숨을 쉬고 온도와 공기의 양을 조절해서 초산 발효가 잘되게 하는 용기인데 요즘은 구하기가 힘들다. 항아리 안팎을 깨끗하게 씻어 마른 수건으로 물기를 제거한 다음 짚을 태워 독 안을 소독한다.

3. 항아리 입구를 가제로 덮고 고무줄로 동여맨 다음 뚜껑을 덮는다.

5단계 - 보관법

1. 초를 안친 다음 벌꿀을 2홉 넣으면 더욱 좋다.

2. 항아리 뚜껑을 닫고 공기가 좋은 곳에 보관한다. 맑은 공기 속에 있는 초산균이 좋은 식초를 만들기 때문이다. 공기가 오염된 도심에서는 식초 제조가 거의 불가능하다.

3. 매일 식초 항아리를 끌어안고 흔들어 주거나 표면을 오동나무로 저어 준다. 공기 중의 초산균이 식초 표면에 엷은 초막을 형성하는데 이것을 흔들면 초산이 쉽게 침투할 수 있고 발효가 촉진되기 때문이다.

주의

식초 항아리를 이리저리 옮기거나 함부로 다루지 않는다. 식초는 빚는 자의 마음을 알기 때문이다.

〈다슬기식초 만들 때 유의할 점〉

● 제대로 빚는 한국의 전통식초에는 반드시 엿기름이 들어간다. 엿기름맥아, 麥芽은 보리에 적당한 물기를 주어 싹을 틔운 것으로 함유된 전분 분해효소가 곡물의 당화糖化를 촉진한다. 결과적으로 잡균에 의한 오염과 이상 발효를 억제하여 술도 잘되고 맛과 영양도 좋고 숙취가 없어지므로 엿기름가루는 매우 중요하다.

● 좋은 식초를 만들려면 시간이 중요하다. 최소한 봄, 여름, 가을, 겨울 사계절은 지나야 한다. 1년이 지나면 식초가 되지만 제대로 완숙된 다슬기 흑초를 만들려면, 식초

를 밀봉하여 3년 이상이 후숙해야 한다. 10년 이상 묵어서 알코올 성분이 완전히 초산으로 변한 다슬기 흑초는, 간에서 해독할 필요 없이 장관에서 바로 흡수되고 대사되기 때문에, 간경변, 간암 환자들에게 생명수가 된다.

전통옹기의 소실

옹기의 재료인 황토의 약효는 『동의보감』, 『본초강목』, 『향약집성방』 등의 고대 한의학 경전에도 많이 수록되어있다. 옛날부터 배탈이 나면 황토수를 마시고, 상처가 나면 황토를 발라 독을 제거했으며, 요즘도 적조 현상이 생기면 푸른 바다를 되살리는 데 정화재로 이용한다.

황토는 정화력과 분해력이 있어 몸속의 독소를 제거하고 신진대사를 촉진시키기 때문에, 황토에 볏짚을 썰어넣어 만든 조상의 흙벽 집보다 더 좋은 주택은 없다고 할 수 있다. 당연히 옹기보다 더 좋은 식품 용기도 없는 것이다.

전통옹기는 현미경으로 비춰보면 구멍이 듬성듬성 나 있어 옹기가 숨을 쉰다. 그래서 액체 자체는 보존하면서도 안에서 생기는 독소를 내뿜고 밖의 신선한 공기를 빨아들여 내용물을 제대로 숙성시킨다. 전통옹기는 세계에 자랑할 만한 최고의 바이오세라믹스라 할 수 있으며 우리나라에는 이러한 옹기를 아주 옛날부터 일상에서 즐겨 사용했다.

하지만 옹기는 일제강점기를 거치면서 왜곡되기 시작했다. 옹기를 만들 때는 원래 자연 유약을 썼다. 참나무를 태워 그 재를 유약으로 사용한 것이다. 그런데 일제강점기부터는 낮은 온도에서도 잘 녹고 손이 덜 가는 망간과 연단일산화납을 약 500℃로 가열해서 만든 산화물을 섞어 사용하게 되었다. 해방이 되고 6·25를 겪으면서 산림자원이 황폐화 된 뒤 나라에서 함부로 나무를 베지 못하게 규제하자 자연 유약인 참나무

재를 쓸 수 없어 전통옹기는 우리 곁에서 더욱 멀어져갔다.

문제는 연단을 사용해 만든 옹기는 눈이 부실 정도로 반짝거려 때깔이야 날지 모르지만 연단이 옹기의 숨구멍을 전부 막아버리기 때문에 숨을 쉴 수 없어 옹기의 원래 기능을 살릴 수 없다는 것이다. 또한 연단의 납 성분이 인체에 해를 끼친다.

현재도 시장에서 파는 옹기들 중 상당수가 연단을 사용한 것들이다. 이런 옹기에 된장, 간장을 담그면 납 성분이 스며들 우려가 있다.

김치를 옹기에 담아서 냉장고에 넣어두면 다 먹을 때까지 효소가 살아서 활동하게 된다. 천년 이상을 우리 민족과 함께한 질그릇과 옹기를 결코 잊어서는 안 될 것이다.

6

발효효소
건강식품 만들기

01 장내 독소를 배출시키는 솔잎효소

장 건강과 발효식품

현대인, 즉 바쁘고 과식하며 운동이 부족한 생활을 하는 인간에게는 변의 저장소인 대장의 중요성이 더욱 높아진다.

러시아의 생물학자 메치니코프는 "대장 속의 많은 세균이 분해작용을 하면서 내는 독소가 몸에 흡수되어 만성 중독이 될 때 노화가 일어난다."고 말했다. 대장에서 일어나는 변의 부패 작용을 어떻게 막아야 할 것인지가 건강과 노화의 중요한 문제가 되는 것이다.

장 안의 부패를 막는 데 젖산균 식품이 좋다고 해서 요구르트를 찾는 사람이 많다. 낙농업이 발달한 발칸 지방에서 전해진 요구르트는 육식을 좋아하는 서구인들이 애용하는 젖산균 발효식품이며, 우리나라에서도 요구르트 산업이 성장했다.

그러나 젖산균은 위산에 약하기 때문에 위에서 소화과정을 거쳐

소장, 대장에 이르면 거의 사멸해버리는 결점이 있다. 카프카스 지방이나 북유럽 장수촌 주민들은 자기 목장에서 생우유를 발효시켜 만든 요구르트를 5홉_{약 0.9L} 들이는 능히 되는 대형 잔으로 늘 마신다고 한다. 요구르트란 그 정도로 많이 마셔야 장안의 부패를 방지할 수 있는 것이다.

우리 조상들은 요구르트보다 훨씬 우수한 식물성 젖산균 발효식품을 발명했다. 우리 고유의 음식인 누룩과 메주를 발효시켜 만든 식초, 청국장이 바로 그 대표 식품이다.

또 서구보다 발효식품이 다양하며, 주부들이 가정에서 간단하게 만들 수 있는 것도 많다. 엿기름을 띄워 만드는 식혜도 쉽게 만들 수 있는 음식이면서 양질의 단백질과 효소가 많다.

예전에 할머니들은 마늘이나 도라지, 더덕, 은행알 등을 꿀단지 속에 재워서, 부뚜막 밑을 깊이 파고 묻어두었다. 단지를 몇 개월씩 발효시키면 위장병 약이나 기침약으로도 사용할 수 있는 발효식품이 되었다. 이것은 경험으로 얻은 조상의 지혜라고 할 수 있다.

솔잎효소

현대에는 대장암, 직장암의 공포가 확산되고 있다. 이런 환경 속에서 적송과 생강, 배, 벌꿀로 만든 솔잎효소는 약이 아니면서도 약을 능가하는 장 정화 작용을 하므로 장 건강을 지키는 데 도움이 된다.

생강의 체온 상승 성분은 소나무의 서늘한 성분과 소나무의 진수라고 할 수 있는 송진의 약효를 보완해주는 기능이 있어서 절묘한 궁합을 이룬다.

최근 한 연구 결과에 따르면 발효식품의 약효는 효소 속 치옥트산과 판토텐산, 비타민B6, 기타 미네랄에 의한 것이라고 한다.

솔잎효소의 가장 큰 장점은 열을 가하지 않기 때문에 효소가 파괴되지 않아 재료에 들어있는 효소와 비타민 전부를 이용할 수 있다는 것이다. 솔잎효소를 초란에 혼합하면 더욱 효능이 높아진다.

발효식품 속 효소는 항암효과가 매우 높고 혈액을 정화하며, 장안의 부패를 방지하고 기초체력을 튼튼하게 하는 효과가 있어 암을 비롯한 만성병 치료에 꼭 필요하다.

또 여성들의 다이어트나 피부 미용에 좋고, 신경이 과민한 수험생이 먹는 음식이나 아기들을 먹이는 이유식으로 시도할 수 있는 뛰어난 건강식품이다.

만약 솔잎효소를 초산 발효시켜 천연식초를 만들 수 있다면 가장 좋을 것이다. 하지만 설탕에 절인 효소는 초산 발효가 일어나지 않아 천연식초를 만들 수 없기 때문에 일반인들은 솔잎효소에 송엽식초를 혼합하는 것이 바람직하다.

솔잎효소 만들기

재료

솔잎 300g, 쑥 200g, 생강 200g, 오디 100g, 살구 100g, 벌꿀 1kg

만드는 법

1. 솔잎 300g, 쑥 200g, 생강 200g, 오디 100g, 살구 100g을 한 통에 넣고 섞는다. 솔잎, 쑥, 생강의 비율을 유지하며 양을 줄이거나 늘일 수 있고 재료 중 과일류는 다른 과일로 대체할 수도 있다. 생강은 얇게 썰어서 넣는다.

2. 재료 사이사이에 벌꿀 1kg을 넣어 층층이 절인다.

3. 재료의 양은 용기의 70퍼센트 미만으로 하고 한지로 봉한 후 뚜껑을 덮어 3개월 정도 발효시킨다. 여름철에는 2~3일에 한 번 뚜껑을 열어 건더기가 발효액에 잠기도록 꾹꾹 눌러주어야 한다.

4. 1차 발효 후 건더기는 건져내고 즙만 따로 걸러 다른 옹기에 넣은 다음 선선하고 어두운 곳에서 다시 6개월 정도 2차 발효시키면 된다. 이때 1차 발효에서 건져낸 건더기에 알코올이 35도 이상 되는 문배주나 불로주 등의 민속주를 부어놓으면 질 좋은 송엽주가 된다.

〈솔잎효소 만들 때 유의할 점〉

● 솔잎은 봄에 돋아난 잎뿐만 아니라 솔순송순, 소나무 싹을 30cm 정도 가위로 잘라서 송기소나무 속껍질, 송자솔방울, 송화소나무 꽃, 송진을 모두 채취한다. 반드시 적송 또

는 솔잎이 두 개 달린 재래송이어야 한다.

● 쑥은 약쑥, 인진쑥, 떡쑥, 물쑥 가릴 것 없이 새순을 채취한다. 다만 농약이나 비료를 주는 농터가 가까이 있는 곳에서 나는 것은 쓰지 않는다. 채취 시간은 아침 일찍 이슬이 맺혀 있을 때가 좋다.

● 생강의 경우 크기가 큰 것은 외국산이므로 가능한 크기가 작은 국내 토종을 사용하는 것이 좋다.

● 솔잎효소를 만들 때 재료를 선별하고 제조법을 지키는 것보다 중요한 것은 잘 보관하는 것이다. 아무리 좋은 재료를 가지고 벌꿀로 잘 버무려 숙성시켜도 담는 그릇이 좋지 않으면 전부 허사가 된다. 솔잎효소를 제조하고 숙성시킬 때엔 전통옹기를 사용하면 매우 좋다.

02 천연의 살균 · 해독제 초밀란

남녀노소에게 두루 좋은 완전식품, 초밀란

초밀란은 계란을 식초에 담가 껍질을 녹인 뒤 꿀과 화분을 혼합한 건강식품이다. 이때 식초는 단연 천연 현미식초를 사용하며 꿀은 천연 벌꿀, 계란은 자연방목한 토종닭의 유정란을 사용해야 한다.

계란을 통째로 깨끗이 씻어 물기를 뺀 다음 6~7일간 식초에 담가두면 껍질은 식초에 녹아 초산칼슘으로 변하고 계란의 흰 막은 공처럼 부풀어 올라 그 속에 흰자와 노른자가 그대로 남는데, 이 막을 제거한 다음 잘 저어두면 초란 원액이 만들어진다.

이 원액에 벌꿀과 화분을 타서 식초의 신맛이 줄어들면 비로소 맛있는 초밀란이 된다.

초밀란은 효소, 칼슘, 레시틴, 식물의 생식 정자^{꽃가루}, 난황이 그대로 살아있는 생명 그 자체다. 솔잎, 배, 생강, 대추를 누룩으로 발효시킨 천연 송엽식초, 토종 유정란과 미네랄이 잔뜩 있는 그 껍질, 자연 숙성된 순수한 꿀과 생화분의 생명력을 그대로 흡수할 수 있다. 또한 가열하지 않고 초산 혼합했기에 제조 과정 중에 어떠한 영향소와 효소의 파괴도 이뤄지지 않는다.

인체는 효소, 비타민, 미네랄, 호르몬 등 다양한 원료를 원한다. 그리고 초밀란은 이런 원료의 대부분을 섭취할 수 있는 식품이다. 이것이 영양분과 효소가 사멸된 건강농축액 한 말보다 초밀란 한 병이 건강에 유익한 이유다. 생명 물질이 모두 사멸된 건강농축액을 반복해서 섭취하여 간장과 신장에 부담을 줄 것인가? 아니면 살아 있는 초밀란을 먹을 것인가? 이것은 건강과 병고의 갈림길이라고 할 수 있다.

의학의 아버지 히포크라테스는 "생명은 진화된 것일수록 새끼를 위해 더 많은 영양분을 준비한다. 물고기보다는 개구리가, 개구리보다는 조류가 더 많은 영양분을 함유하고 있다."며 활력 없는 사람이나 회복기 환자에게는 초밀란을 마실 것을 권했다.

삼위일체 장수법의 창시자 안현필 선생은 "식초 한 병이 산삼 1만 뿌리 이상의 가치가 있다. 산삼은 결코 식초와 같은 살균, 해독, 이뇨 작용을 하지 못한다."라고 했다. 이처럼 초밀란은 식초와 계란이 갖는 장단점을 두루 갖춘 건강식품으로 최근 그 효능이 높이 평가되고 있다.

초밀란은 피를 맑게 해주고 강한 해독작용을 하는 자연의 치료제다. 유기질 퇴비가 어떤 토양이나 작물에도 다 적용되듯이 초밀란은 어떤 질병에든 다 적용이 된다.

"음식물을 당신의 의사 또는 약으로 삼으라. 음식으로 고치지 못하는 병은 의사는 고치지 못한다. 병을 고치는 것은 환자 자신이 가진 자연치유력뿐이다. 의사는 이것을 방해해서는 안 된다. 또 병을 고쳤다고 해서 약이나 의사 자신의 덕이라고 자랑해서도 안 된다." 의성 히포크라테스의 계시다.

암은 효소가 부족해서 발생한다

암은 효소가 부족해서 발생한다. 실제로 암이 발생했을 때는 몸속에서 효소의 일종인 카탈라아제Catalase를 거의 찾아볼 수 없다. 카탈라아제는 조직과 세포를 공격해 산화시키는 활성산소를 분해하는 역할을 하는 효소다. 카탈라아제가 감소하기 시작하면 세포의 활동이 둔해지고, 칼슘 흡수가 적어지며 혈액이 산성이 되어서 활동을 제대로 할 수 없게 된다. 이것이 결국은 암과도 연관된다.

초밀란이 항암 효과가 있다는 것은 여러 문헌에서 찾아볼 수 있지만, 특정한 물질 하나가 항암 작용을 한다기보다는 카탈라아제와 같은 여러 종류의 효소와 다양한 영양소가 복합적으로 작용해서 얻어지는 것이라고 할 수 있다.

초밀란은 그저 아플 때만 먹는 영양제가 아니다. 피로할 때, 음주

전후, 고기나 공해 식품을 먹었을 때를 대비해 가정상비약으로 비치하고 그때그때 해독제로 마시는 것이 가장 바람직하다.

잦은 음주 때문에 구역질을 하는 사람이 초밀란을 마시면 수일 이내에 구역질이 없어지고 각종 부패균은 5분 이내, 콜레라균도 30분이내에 식초 속에서 사멸한다. 초밀란이 혈액을 산성으로 만드는 젖산과 초성포도산을 해소시켜주기 때문이다. 또한 육식 때문에 일어나는 산혈증도 중화시키고 활력을 증강시키며, 만성간염의 예방과 치료에도 효과가 있다.

초밀란 속 아미노산으로 활력을 찾는다

우리가 단백질을 섭취한다고 해서 몸에 바로 흡수되는 것은 아니다. 산이나 효소에 의해 아미노산으로 분해되어야 흡수되어 우리 몸에서 피가 되고 살이 된다. 양질의 단백질은 아미노산으로 전환될 수 있는 성분이 많은 단백질을 뜻한다.

지금까지 알려진 아미노산의 종류는 20여 가지나 되며 그중에는 몸에서 합성되는 아미노산이 있고 합성되지 않는 아미노산이 있다. 합성되지 않는 아미노산은 꼭 음식물로 섭취해야 하는데 이러한 아미노산을 '필수 아미노산'이라고 한다.

초밀란 속에는 필수 아미노산 이외에 알라닌, 시스틴, 케라틴 등 단백질을 합성하고 머리카락, 피부, 손톱을 구성하는 성분이 함유되어 있다. 양질의 아미노산이 많기 때문에 하루에 60cc만 섭취해도 필수 아미노산을 충분히 얻을 수 있다.

어떤 중년 여성은 류머티즘성 관절염을 오랫동안 앓으면서 매일 부신 피질 호르몬을 3~4정씩 복용해왔다. 그 때문에 뼈가 약해졌음은 말할 것도 없고, 마치 항암치료를 받은 환자처럼 머리카락이 빠지고 위장도 헐어서 죽으로 연명하는 상태였다.

그런 상태에서는 어떤 약을 사용해도 효력이 나타나지 않는다. 약효도 몸에 면역기능이 남아 있을 때 나타나는 것이지, 몸이 지나치게 약해졌을 때는 어떤 효력도 기대할 수 없다. 때로는 약에서 얻을 수 있는 것이 치료 효과보다는 진통·억제 효과뿐일 때도 있다.

지력이 떨어진 토양에는 퇴비를 주어서 지력을 높여야 한다. 화학비료나 농약은 토양을 더 나빠지게 할 뿐이다. 이처럼 몸이 나빠져서 합병증이 온 환자는 약으로 치료할 것이 아니라 영양학적으로 도와주어야 한다. 약은 도리어 체력을 떨어뜨린다.

당장에 병마를 물리치고 활기차게 인생을 살고 싶은 욕망은 이해할 수 있다. 똑똑한 사람일수록 그런 욕망은 더 강하다. 하지만 세상에는 당장에 병을 고쳐줄 약이나 식품은 없다. 건강한 활력을 되찾기 위해선 자연치유력이 회복되도록 차근차근 생활습관을 바꾸는 수밖에 없다.

초밀란은 인체에 필요한 모든 비타민을 공급한다

1900년대 초까지만 해도 동물의 성장과 생명유지에 필요한 성분은 탄수화물, 단백질, 지방, 무기질, 물 이렇게 다섯 가지라고 알려져 있었다. 당시 낙농업자들은 가축에게 이 다섯 가지만 제공해도 되는 줄 알고 이를 기준으로 만든 사료를 주었다.

그러나 가축들이 정상적으로 성장하지 못하고 폐사하자 다섯 가지 외에도 다른 물질이 생명에 영향을 준다는 것을 알게 되었다. 과학자들은 이러한 물질을 발견하기 위해 연구하기 시작했다. 그 결과 1911년 폴란드 출신의 생화학자 카시미르 풍크Casimir Funk는 쌀겨에서 각기병에 효과가 있는 비타민을 발견했다.

비타민Vitamine은 생명을 뜻하는 라틴어 비타Vita와 질소를 함유한 유기물질을 뜻하는 아민Amine의 합성어다. 생명을 유지하는 데 없어서는 안 되는 필수 물질이라는 뜻이다. 비타민은 탄수화물이나 지방, 단백질과 같은 에너지 물질은 아니지만, 에너지 대사의 촉매 역할을 한다.

비타민은 많은 양이 필요하지 않고 신체기능을 조절한다는 면에서는 호르몬과 비슷하다. 다만 호르몬은 인체의 내분비 기관에서 합성되고, 비타민은 외부에서 섭취해야 한다는 차이가 있다. 예를 들면 비타민C는 사람에게는 비타민이지만 동물에게는 호르몬 성분이다. 비타민C는 사람의 몸에서는 합성이 안 되고 섭취해야만 얻을 수 있지만, 토끼나 쥐를 비롯한 대다수의 동물들은 몸속에서 스스로 합성할 수 있다.

비타민은 우리 몸에서 중요한 작용을 하며, 항상 잘 보급해야 한다. 하지만 이는 자연식품에 들어 있는 비타민에 해당하는 것이다. 약이 인체에 해롭다는 걸 알아 약 섭취는 피하면서도 합성 비타민 등의 영양제 섭취는 챙기는 사람들이 있다. 이는 뼈아픈 착각으로 정제된 비타민제를 먹는 것은 합성된 약품을 먹는 것과 똑같다.

합성 비타민제는 오히려 생리작용에 좋지 않은 영향을 끼친다. 예를 들어 비타민C는 피부 세포의 대사작용에 중요한 역할을 하여 살결을 아름답게 유지하는 데 꼭 필요하지만, 합성 비타민C를 많이 섭취하면 간장 장애를 일으켜 피부세포 대사를 혼란하게 해서 도리어 피부가 안 좋아진다.

초밀란은 최고의 비타민 공급제다. 초밀란을 오랫동안 복용하면 피로를 모르는 체질이 된다. 이틀이 멀다 하고 병원을 찾지 않으면 안 되고, 외출할 때는 약봉지부터 먼저 챙겨야 하는 사람, 약간만 기온이 변해도 감기에 걸리는 허약한 어린이, 발기부전이나 조루증세로 기죽어 있는 남성은 초밀란 요법을 실행하기 바란다.

녹아내린 칼슘이 혈관을 막는다

지나친 산성식품 섭취, 스트레스, 운동 부족, 대기 오염, 공해 식품 섭취, 지나친 약물 복용 등으로 혈액은 산성화된다. 혈액이 pH 7.0~7.5인 약알칼리성 상태에서는 인체의 모든 기능이 정상이지만, pH 7.0 이하인 산성 상태에서는 인체의 모든 기능이 저하되어 산혈증이 나타난다. 산혈증이 나타나면 정신상태가 불안정하게 되며, 나아가서는 각종 암과 뇌졸중, 치매 등을 유발한다.

　이러한 산혈증을 막는 것이 바로 칼슘의 역할이다. 신체가 정상적인 상태에서 칼슘은 혈액 내에 일정량이 유지되다가 산성물질을 중화시킨다. 사람의 혈액에는 100ml당 칼슘이 약 10mg이 있다. 이를 통해 우리 몸은 약알칼리성인 상태를 유지하는 것이다.

　그런데 칼슘 공급이 부족해져 혈액 내에 칼슘 농도가 기준치의 30퍼센트 이하가 되면 부갑상선 호르몬PTH이 뼈를 녹여 혈액에 칼슘을 보충한다. 기본적으로 골격 내에서 칼슘을 가져다 쓰면 치아와 뼈가 약해지고 수숫대처럼 푸석푸석 해지면서 잘 부러지는 관절염, 골다공증이 생긴다.

　그보다 더 큰 문제는 뼈에서 녹아나온 칼슘이 신체 내에서 굉장히 해롭게 작용한다는 것이다. 혈중 칼슘 농도를 맞추고 남은 뼈에서 녹아내린 칼슘은 동맥벽에 침착해 손상을 입힌다. 손상된 자리에 콜레스테롤이 붙으면 동맥경화증이 된다.

　뼈에서 녹아내린 칼슘이 동맥에 쌓이면 동맥경화가 되고 뇌혈관에 쌓이면 중풍이 된다. 신장에 쌓이면 신장결석, 간장에 쌓이면 담석, 관절에 쌓이면 관절염이다. 당뇨병의 주요 원인 중 하나인 인슐린 부족도 칼슘이 부족해서 일어나며 뇌졸중, 정신병, 치매, 간경변증, 암도 칼슘이 부족해서 일어난다.

　칼슘에 관한 영양학적 연구가 계속되면서 새로 정립되는 이론 중 하나가 임신중독증에 관한 것이다. 임신중독증은 '혈액 속에 칼슘이 적고 인이 많아 균형이 깨지면 자율신경에 이상이 생겨서 일어난다.'는 설과 '철, 칼슘, 비타민B1, 비타민D가 부족해서 생긴다.'는 영양실조설이 있는데, 모두 칼슘과 관계가 있다.

칼슘을 보충하는 최고의 통로 초밀란

우리는 거의 매일 계란을 먹으며 살고 있으나 계란 껍질은 먹지 않는다. 계란 한 개의 껍질에는 칼슘이 약 700mg 들어있는데 이는 성인 기준 칼슘의 하루 섭취권장량에 해당한다. 우리는 매우 좋은 칼슘 섭취 통로를 버리고 있는 셈이다.

앞서 말했듯 초밀란을 만들 땐 수 개의 계란이 통째로 들어간다. 그리고 계란 껍질은 식초에 의해 녹아 먹을 수 있는 상태가 된다. 사실 칼슘을 섭취하기에 가장 좋은 방법은 식초에 녹아있는 칼슘을 섭취하는 것이다. 초산칼슘은 칼슘을 단독으로 섭취하는 것보다 흡수율이 50% 가량 높아 가장 질이 좋고 흡수가 용이한 칼슘 상태라 할 수 있다.

칼슘 섭취가 부족해서 뼈에서 녹아나온 칼슘은 해로운 작용을 하는 것에 반해 입으로 들어간 칼슘은 유익하게 쓰이고 남는 것은 배출된다. 보충제로 섭취한 칼슘은 신장에 부담을 줄 수 있으나 음식으로 섭취한 칼슘은 전혀 문제가 되지 않는다는 연구결과가 나와있다. 초밀란은 칼슘을 흡수하는 가장 좋은 식품이다.

칼슘 섭취 권장량은 성인 기준 하루 700mg이지만 임산부와 노인은 섭취량을 늘려야 한다. 식초에 녹아 있는 초산칼슘은 가장 질이 좋고 흡수가 쉬운 칼슘이기 때문에 임산부와 노인에게 특히 좋다. 임산부, 수유부가 초밀란을 마시면 산모의 건강은 물론 태아의 두뇌와 피부에까지 영향을 미치는, 돈으로는 도저히 환산할 수도 없는 가치가 있다.

중국에서는 옛날부터 계란 껍데기 분말을 구루병, 경기, 흐린 눈, 종기 등 칼슘 결핍 때문에 일어나는 질환에 썼다고 한다.

2,000여 년 전 이집트의 미인 클레오파트라는 아름다움을 영원히 간직하기 위해 온갖 미용비법을 활용한 것으로 유명한데, 그중 하나가 진주알을 식초로 변한 술에 담가 녹은 진주 성분을 마시는 것이었다고 한다. 진주의 주성분은 조개껍질과 같은 탄산칼슘인데 식초 같은 산에 잘 녹는 성질이 있다. 이 방법은 진주의 특성을 이용한 이른바 '칼슘식초 요법'이라고 할 수 있겠다.

칼슘은 혈액을 깨끗하게 하고 뇌신경을 활성화해서 치매를 예방하고 신경을 안정시키는 작용을 하며, 인슐린 분비를 촉진해서 당뇨 증상을 개선한다. 또 식욕을 증진시키고 흡수력을 높이며 피로 해소 작용도 한다.

요즘 청소년들의 각종 비행과 주의 산만, 덜렁대는 성향, 무기력과 자폐증이 대부분 화학 가공 식품을 지나치게 섭취하기 때문에 칼슘이 손실되어서 온 부작용이라는 미국의 연구결과도 있다.

칼슘은 이처럼 우리 몸에 중요한 작용을 하는 성분이다. 자연 발효식품인 초밀란으로 칼슘을 보충하면 몸과 마음 모두 건강한 삶을 살 수 있다.

초산칼슘을 꼭 섭취해야 하는 사람들

● 임산부 : 임신 6개월부터는 태아에게 칼슘이 많이 필요하므로 아이의 뼈가 길어지고 굵어지는 것에 비례해 산모에게는 칼슘 부족이 심해진다.

● 수유부 : 모유를 통해 칼슘 영양분이 매우 많이 빠져나가기에 칼슘 부족으로 허리가 아프거나 치아가 약해진다.

● 갱년기 이후 여성 : 여성호르몬이 줄어들면 뼈가 삭으면서 칼슘이 흘러나와 소변으로 배설되며, 만성 요통이 진행될 수 있다.

● 노인 : 나이가 들면 위액이 적게 분비되고, 위액이 적으면 칼슘이 흡수되지 못하고 배설된다. 그러면 칼슘이 부족해져서 조금만 다쳐도 뼈가 부서지고 자주 골절된다.

● 만성 소화불량 환자와 위 절제 수술을 받은 사람 : 위액이 부족해서 칼슘이 흡수되지 못한다.

● 인스턴트 음식을 즐기는 사람 : 인스턴트 음식에는 인Phosphorus이 많은데, 이것은 장에서 칼슘을 침전시켜 배설되게 한다.

● 육식을 즐기는 사람 : 동물성 단백질에 함유된 대량의 인산이온이 소화 도중 칼슘과 결합해서 인체 내 칼슘 흡수를 방해한다.

● 만성 음주자, 흡연자 : 알코올은 칼슘 흡수를 방해하고, 술과 담배는

뼈를 손상시킨다.

- 부신피질 호르몬 투여자 : 항염증제인 부신피질을 장기간 복용하면 뼈가 손상되어 나온 칼슘이 소변으로 배설된다.
- 고혈압, 당뇨병, 관절염 환자 : 칼슘이 부족해서 걸린 질병이기에 초산칼슘 자체가 약으로 작용한다.

초밀란 속 레시틴으로 젊음과 아름다움을 되찾는다

생명의 기초 물질, 레시틴

인간을 비롯한 모든 생물은 수많은 세포로 이루어져 있다. 그러므로 세포 하나하나가 활성화되었는지가 건강과 큰 관계가 있다. 세포는 세포막으로 둘러싸여 있으며 우리는 이 세포막을 통해 몸에 필요한 물질을 받아들이고 필요 없는 노폐물 등을 배설한다.

그리고 이렇게 중요한 세포막을 구성하는 주요 물질이 '레시틴 Lecithin'이다. 레시틴은 계란 노른자위를 뜻하는 그리스어 레시토스 lecithos에서 온 말로, 1850년경 프랑스 과학자 모리스 고블리 Maurice Gobley가 계란 노른자위에서 인을 포함한 지방성 물질을 분리하는 데 성공하고 이름을 붙였다. 그 뒤 레시틴 연구가 각국에서 진행되어 인간의 뇌나 장기 등의 세포나 혈액 속에도 레시틴이 들어있음을 알게 되었다.

몸 안의 각 조직을 구성하는 약 60조 개의 세포를 둘러싸고 있는 세포막의 주성분이 레시틴이며, 그 무게도 대개 체중의 100분의 1

이나 된다. 즉 체중이 70kg인 사람은 700g의 레시틴을 가지고 있는 것이다. 세포막의 주성분인 레시틴은 특히 뇌신경계나 혈액, 간장 같은 중요한 조직 세포에 많이 들어 있다. 레시틴이 생명의 중요한 기초 물질이라고 일컬어지는 까닭이 여기에 있다.

60조 개의 세포는 날마다 전체의 약 2퍼센트가 사멸하고 또 새로 태어난다. 그중에서도 새로 태어나는 비율이 가장 높은 곳이 피부나 장, 남성의 성선精腺, 골수 등이다. 그리고 변화가 가장 느린 곳이 미네랄이 많은 뼈다.

20대 후반이 되면 몸은 벌써 노화하기 시작해서 재생되는 세포보다 사멸하는 세포가 많아진다. 상처가 전보다 잘 낫지 않는다거나 정액이 줄어들었다는 느낌이 드는 사람은 이미 노화가 시작된 것이다. 그래서 나이가 들면 레시틴이 필요하다. 세포를 젊고 싱싱하게 유지하기 위해 중요한 구성 요소이기 때문이다.

그렇다면 세포가 싱싱하게 활동한다는 것은 무엇을 말하는가? 세포가 영양소나 효소 등 몸에 필요한 것을 적극적이고 효율적으로 받아들여 활동하고 세포 속에 있는 노폐물이나 탄산가스 같은 해로운 물질은 재빨리 배설하는 것이다. 이 작용이 원활하게 이루어지지 않으면 몸의 저항력, 즉 면역력이 점점 떨어져 여러 가지 질병을 일으키는 원인이 된다.

세포가 몸에 필요한 영양소 등을 외부에서 효율적으로 원만하게 받아들이는 것은 세포를 둘러싸고 있는 세포막에 달려있다. 세포막이 영양소나 노폐물이 출입하는 문의 역할을 하기 때문이다. 이 문이 삐걱거려 출입이 원활하게 이루어지지 않으면 영양소 보급이 흐트러져 그것이 질병으로 나타나는 것이다.

세포막은 몸의 주요 장기뿐만 아니라 신경체계와도 깊은 관계가 있다. 신경체계의 세포막은 몸의 여기저기에서 오는 신호를 전달하거나 또 반대로 몸의 각 부위에 전달하는 구실을 한다. 두말할 것도 없이 신경체계의 세포막이 쇠퇴하면 우리의 지각능력이나 학습능력과 같은 기능이 떨어져 일상생활에 지장을 준다.

레시틴의 작용을 간단히 말하면 혈액 속의 콜레스테롤이나 중성지방을 줄이고, 뇌의 기능을 활성화하며, 모든 세포를 싱싱하게 소생시킨다. 또 레시틴은 피부나 모발의 성장에 필요한 이노시톨을 포함하고 있다. 머리 부분의 혈액 순환을 잘 되게 해서 발모를 촉진하는 작용도 한다.

이와 같이 생명활동을 주관하는 레시틴은 세포막의 주성분으로 매우 중요한 물질이다. 때문에 레시틴을 비타민이나 호르몬 이상으로 중요한 생명의 기초물질로 봐야 한다는 시선이 확산되고 있다.

레시틴 부족으로 인한 신체기능 저하

그렇다면 레시틴이 부족할 경우 인간의 몸에 어떤 증상이 나타날까? 레시틴은 세포막에서 문지기 역할을 한다. 즉 세포에 필요한 영양분을 흡수하고 세포에 필요 없는 노폐물을 배설한다.

레시틴이 모자라면 위 기능이 나빠지고 각 세포의 기능에 이상이 생긴다. 피로감 상승, 컨디션 저하, 기억력 감퇴, 불면증, 두통이 생기고 위장도 나빠진다.

담배를 피우는 사람은 폐 속의 레시틴 양이 피우지 않는 사람의 7분의 1 정도이다. 따라서 산소 부족 상태가 쉽게 일어나 일을 하거나 운동할 때 쉽게 숨이 차고 피로를 느낀다.

간에서 알코올을 분해할 때 많은 양의 레시틴이 소모된다. 또 알코올은 분해된 뒤 간에 중성지방을 남기는 데 중성지방을 제거할 때에도 레시틴이 필요하다. 간 내의 레시틴을 모두 소모한 사람은 중성지방이 쌓여 지방간이 된다.

대부분의 사람이 이와 같은 상황에서 증상의 원인이 된 레시틴을 보충해주는 것이 아니라 증상을 해결하기 위한 약을 쓰는 오판을 하게 된다. 결국 증상은 만성으로 이어지고 오랜 약 복용으로 부작용이 일어나 암을 비롯해 동맥경화나 뇌경색, 심근경색, 당뇨병, 치매증, 알레르기성 질환 등 많은 질병을 유발하는 계기가 된다. 그야말로 병 때문에 죽는 것이 아니라 치료 때문에 죽는 것이다.

레시틴을 화학적으로 탐구해보면 불포화지방산과 인산콜린, 글리세롤의 세 가지 요소로 구성되어 있다. 여기서 특히 주목해야 할 것은 불포화지방산과 콜린이다. 이 두 가지는 모두 인간이 생명활동을 유지하는 데 꼭 필요하기 때문이다.

지방산에는 불포화지방산과 포화지방산 두 가지가 있으며, 그 작용을 살펴보면 정반대다. 불포화지방산은 악성 콜레스테롤을 억제하고, 포화지방산은 악성 콜레스테롤을 증가시킨다. 불포화지방산이 부족하면 악성 콜레스테롤이 쌓여 동맥경화가 일어난다.

뇌에 동맥경화가 심해지면 노인성 치매나 뇌경색으로 발전할 수 있다. 또 심장에 산소와 영양소를 실어나르는 동맥이 경화되면 협심증이나 심근경색의 원인이 된다. 이 때문에 불포화지방산을 될 수 있는 대로 많이 섭취해서 악성 콜레스테롤이 증가하지 않도록 해야 한다. 레시틴은 불포화지방산을 많이 포함한다.

콜린은 아세틸과 결합해서 뇌의 신경전달물질인 아세틸콜린이 된다. 이 아세틸콜린이 부족하면 자율신경 실조증이나 심방세동, 노인성 치매의 원인이 된다. 그리고 콜린이 부족하면 간세포에 지방이 축적되어 지방간이나 간경변증 등을 일으키기도 한다. 콜린은 기억력 감퇴를 방지하고 시력 장애에도 효과가 있으며 암을 예방한다.

현대인의 정서불안 뒤에는 레시틴 부족이 있다

정서가 불안한 것 또한 대부분 뇌나 신경 속에 들어있는 레시틴이 부족하기 때문이다. 신경적, 정신적으로 균형을 잃은 환자에게 레시틴을 투여해서 절대적인 치료효과를 올렸다는 미국 매사추세츠 종합병원 발표가 있다. 이 사실은 우리 뇌에 있는 150억 개의 세포가 싱싱하게 활동하기 위해서는 레시틴이 필요하다는 것을 증명한다. 즉 레시틴이 신경세포의 피로나 장애를 없애는 작용을 하는 것이다.

따라서 레시틴이 모자라면 뇌에 피로가 축적되어 불안하고 초조해지며 쉽게 스트레스가 생긴다. 일상생활에서 불안이나 불면, 성적 불능 등을 겪는 원인 중 하나가 뇌 기능을 혹사해서 발생하는 레시틴 부족이다.

최근 연구에 따르면 실제로 현대인에게는 레시틴이 부족하다고 한다. 인간은 식품 섭취를 통해서 많은 양의 레시틴을 공급받게 되어 있으며 특히 손발을 적게 쓰고 두뇌를 많이 쓰는 현대인은 더 많은 양의 레시틴을 섭취할 필요가 있다. 그럼에도 불구하고 현대인이 먹는 음식에는 레시틴이 함유된 음식이 거의 없기 때문에 만성적인 레시틴 부족 증상이 일어난다.

현대인들은 약물치료를 받는 일이 많으며 정신적 피로를 많이 느낀다. 스트레스와 불안, 고민도 많다. 누구나 말할 수 없는 위기감과 절박감을 느끼고 있으며, 언제 위기 상황이 자기에게 올지 모른다는 생각으로 잠시라도 마음을 놓을 수 없다. 특히 중장년층에 이런 경향이 강하다. 이러한 상황이 모두 레시틴 부족에서 비롯된 것이다.

우리나라도 미국처럼 저연령층의 각종 비행이 늘어나고 있으며, 교내 폭력이나 가정 폭력이 흉악해지는 경향이 있다. 얼마 전까지만 해도 생각할 수 없었던 사건이 계속해서 발생한다.

이와 같은 아이들의 비행을 의학계에서는 '기능항진증'이라는 말로 설명한다. 기능항진증이란 침착하지 못하고, 조금만 자극을 주어도 흥분한다든가 폭력적이 되며 화를 내기 쉬운 증상을 통틀어 이르는 말이다.

이처럼 청소년들이 비행과 폭력으로 치닫는 원인으로 레시틴 부족을 찾을 수 있다. 『비타민 바이블』의 저자이며, 현대 영양학에 혁명을 일으킨 얼 민델Earl Mindell 박사는 "교내나 가정 내의 폭력 등 아이들의 비행 원인은 식생활에 있다."고 말한다. 식생활 속에서 뇌의 식품이라고 일컬어지는 레시틴과 칼슘 부족이 문제가 되며, 이는 청소년 비행의 원인이 된다고 한다.

이에 대해 미국 의학계에서 조사한 결과 흰 설탕과 식품 첨가물을 지나치게 섭취하는 것이 원인이라고 한다. 이 연구에 따르면 식품 첨가물이나 설탕이 뇌세포에 필요한 비타민이나 칼슘, 레시틴 등의 흡수를 방해하거나 파괴해버린다고 한다.

레시틴을 공급해주는 초밀란

레시틴은 동·식물계에 널리 분포하며 계란 노른자위나 생선의 알 속에 특히 많다. 또 콩이나 효모, 작은 생선, 장어, 해바라기씨 등에도 레시틴이 많이 함유되어 있다.

문제는 일반적인 식사만으로는 인체에서 필요로 하는 레시틴 양을 충분히 섭취할 수 없다는 것이다. 그래서 미국에서는 레시틴을 섭취하기 쉬운 정제나 과립으로 만들어 약국에서 판매하고 있다. 국내에서도 주로 일본에서 수입한 레시틴 제품이 암 치료제나 두뇌 영양제로 비싼 값에 판매된다. 그러나 이는 콩에서 추출한 레시틴이므로 동물성 식품에서 추출한 레시틴보다 효능이 떨어진다.

굳이 값비싼 외국의 정제약이나 건강보조식품을 수입해서 먹을 필요 없이 초밀란을 마시면 살아있는 레시틴을 그대로 섭취할 수 있다. 레시틴이 효소, 칼슘과 융화해서 초산칼슘화하면 그 효능이 수십 배 높아진다. 초밀란에는 레시틴이 초산칼슘화 한 상태로 가득하다. 이것이 초밀란을 꾸준히 섭취하는 것만으로 건강을 유지할 수 있는 이유다.

초밀란 속 레시틴의 8가지 효과

1. 콜레스테롤 수치를 내리고 동맥경화를 예방하며 담석을 막는다.
2. 노화를 방지하며 암을 예방하고 치료한다.
3. 뇌세포를 활성화해서 기억력과 집중력을 높인다.
4. 신경세포를 활성화해서 자율신경 실조증, 불면증, 신경쇠약, 정력 감퇴 등을 막고 기능을 회복시킨다.
5. 고혈압이나 심장병, 신장병, 간장병, 당뇨병, 혈전증, 빈혈, 불면증 등에 효과가 높다.
6. 피부를 아름답게 하고 아토피성 피부염 등 피부 질환을 예방한다.
7. 여성의 군살이나 비만을 방지하고 임신중독증을 예방한다.
8. 모든 세포에 영양을 공급하는 데 도움을 준다.

초밀란 속 토종 유정란의 힘

초밀란은 식초와 꿀, 계란에서 생기는 자연의 치유력을 함께 먹는 건강식품이다. 여기서 식초와 꿀의 효능만큼이나 주목해야 하는 것이 계란의 효능이다. 계란 노른자는 뇌의 활동을 활발하게 하는 레시틴의 본산이고, 흰자의 난백은 신장이나 간의 기능을 원활하게 하는 알부민의 원료이고, 껍질은 칼슘을 보급한다.

단백질의 어원이 계란의 흰자에서 비롯되었을 정도로 계란은 뛰어난 단백질을 갖고 있다. 계란의 단백질은 필수 아미노산인 리신, 메티오닌, 트립토판 등을 골고루 함유하고 있다. 계란 흰자에는 알부민이, 노른자위에는 비텔린 등을 비롯해 생명 합성의 기본 물질인 양질의 단백질이 들어있다.

또 계란 흰자에는 라이소자임이라는 효소가 들어있어 미생물을 녹여버리는 성질이 있는데, 수분이 많은 계란이 비교적 신선함을 유지할 수 있는 것은 이 때문이다. 순성 콜레스테롤이 많은 토종 유정란의 단백질은 성호르몬의 원료이며, 성기능과 신경 활동을 촉진해서 정력을 높이고 정자의 활동을 활발하게 한다.

자연방목한 토종닭이 낳은 계란

닭장 안에서 사육한 닭과 산천에 방사한 토종닭을 구분해야 한다. 시골길을 가다 보면 '토종닭 팝니다.'라는 문구를 더러 본다. 농촌에서 키운다고 다 토종닭이 아니라 다리가 가늘고 황록색이며 조그만 계란을 낳는 토종닭 종자가 따로 있다.

또한 토종닭이라 하더라도 유전자가 조작된 수입 옥수수 사료만 먹여서 키운 닭은 계란 속 불포화지방산이 없는 것이나 다름이 없다.

많은 사람들이 계란에 콜레스테롤이 많다고 알고 있다. 그렇다. 계란에는 콜레스테롤이 높은 수치로 들어있다. 하지만 인체의 해를 끼치는 계란의 콜레스테롤은 좁은 공간에 가두어 키운 닭이 낳은 무정란의 콜레스테롤뿐이다.

자연에 방목한 토종닭의 유정란 속에 함유된 콜레스테롤은 고밀도의 순성 콜레스테롤로서 혈행을 좋게 하고 혈관의 신축성을 증대시킨다. 원래의 계란은 그 자체로 콜레스테롤을 제어할 수 있는 능력을 갖고 있다는 사실을 알아야 한다.

왜 이런 차이가 있을까? 시골에서 놓아 키우는 닭은 집 변두리에서 야생풀을 뜯고 곤충도 잡아먹는다. 그 결과 계란 속에는 불포화지방산의 함유량이 훨씬 많다. 옛날 우리의 토종 계란은 지금의 계란보다 불포화지방산의 함유량이 훨씬 많이 들어있었다. 영국의 크로포드 박사에 의하면 방목해서 키운 토종 계란은 포화지방산과 불포화지방산의 비율이 1대 1인 반면, 곡류 중심의 사료로 키운 시중의 계란은 20대 1의 수준이라고 한다.

사람도 먹는 음식에 따라 몸속의 지방산 구성 비율이 당연히 달라진다. 어떤 음식을 먹는가에 따라 내 혈관과 세포 속의 구성 성분이 달라지며, 대사 환경이 달라지고 조직, 기관, 몸 전체의 구조가 달라저 체질 개선을 할 수 있게 된다.

닭 또한 마찬가지다. 닭이 먹는 사료에 따라 닭의 신체 내 지방산 함량의 질이 크게 달라진다.

유정란과 무정란은 차이가 없다고?

식품영양학자들이 연구한 바에 따르면 유정란과 무정란의 영양소를 검사해보면 단백질, 지방, 칼슘 등의 함유량이 똑같아서 영양학적 측면에서 아무런 차이가 없다고 한다. 생명의 기氣를 무시한 참으로 어리석은 단견이다.

유정란有精卵은 암수가 교미하여 정자가 들어가 수정을 이룬 계란이고, 무정란無精卵은 암탉 혼자 낳은 살아있지 않은 계란이다. 유정란은 생명체이고 무정란은 무생명체다. 생명체인 유정란은 어미닭이 품으면 21일 만에 병아리로 태어나는 완벽한 균형체이지만, 무정란은 원래부터 생명이 존재하지 않은 죽은 물체다. 그 자체가 불균형을 이루고 있을 수밖에 없다.

무정란은 배란에 불과한 것으로서 그것은 알卵이 아니다. 어미닭이 품지도 않고 생명 있는 것의 먹이도 아니다. 뱀도 쥐도 무정란은 먹지 않는다. 문명생활에 본능이 마비된 인간만이 유정란과 무정란을 구분하지도 못하고 먹고 있는 것이다.

계란을 익히거나 삶으면 계란의 유익한 성분인 판토텐산이 50% 감소된다. 계란을 기름으로 부치면 활성산소가 발생하고, 삶으면 생명의 기가 사라진다. 특히 무정란을 기름에 튀겨먹는 계란프라이는 동맥경화의 원인이 되고 가장 악질적인 정력 감퇴제가 된다.

따라서 날것으로 먹는 초밀란이 좋으나 초밀란으로 만들어 먹지 않더라도 토종 유정란을 생계란 그대로 식초로 살균해서 먹는 것도 좋다. 삶을 필요도, 흰자나 노른자를 버릴 필요도 없다.

생계란 1개에 참기름들기름, 천일염, 식초를 타서 하루 1~2회 마시면 그 자체로 자연치유력을 올려주는 건강식품이 된다. 이때 소금은 갯벌에서 자연적으로 생산하는 토반소금을 쓰면 더욱 좋다.

초밀란 만들기

재료

토종 유정란 8개, 현미식초 2L, 벌꿀 2.4kg, 생화분 120g, 뚜껑 있는 유리병

만드는 법

1. 유정란 8개를 씻어서 마른 천으로 깨끗이 닦아 물기를 제거한다.

2. 유정란을 껍질째 병 속에 넣고 현미식초 2kg을 붓는다.

3. 뚜껑을 꼭 닫아 20~25℃ 정도의 상온에서 약간 어두운 곳에 둔다.

4. 일주일 정도 두면 계란 껍질이 녹는다. 껍질 내부의 얇은 막은 녹지 않으므로 터뜨려서 젓가락으로 껍질막을 집어낸다.

5. 남은 계란과 식초를 잘 저어서 이틀 정도 더 상온에 재우면 초란 원액이 완성된다.

6. 초밀란을 만들 땐 벌꿀 2.4kg 초란 원액과 같은 양, 생화분 120g을 섞어두면, 식초, 계란, 벌꿀, 화분이 숙성되어 맛도 좋고 효능도 좋아진다.

⟨보관 및 먹는 방법⟩

초란 원액 혹은 초밀란은 냉장고에 보관하면 된다. 먹을 땐 하루 2~3회 식후에 초란 원액 기준 밥숟가락으로 세 숟가락 약 30㎖ 정도를 꿀물, 과즙, 생수 등에 타서 마신다.

03 노화를 멈추는 환상의 콤비 초콩

식초와 콩의 상승효과

콩과 식초로 만드는 '초콩'은 식초의 혈액 정화작용과 콩의 영양물질로 상승효과를 일으키는 뛰어난 건강식품이다. 초콩은 우선 만들기가 쉽고 부작용도 없다는 특징이 있다. 그도 그럴 것이 콩은 일상생활에서 늘 먹는 것이고 식초 역시 여러 가지 형태로 섭취하고 있으니 콩을 식초와 함께 먹는다고 해서 문제가 생길 리는 없는 것이다. 초콩은 장기간 복용해도 무리가 없으며 필요할 때는 다른 약과 함께 먹을 수도 있다.

초콩은 젊은 여성들에게 아름다운 피부와 날씬한 몸매를 선사하고 나이가 들어서는 갱년기 장애를 극복하는 데 도움을 준다. 또한 여러 가지 성인병을 예방하고 치료하는 데 유익하게 작용한다. 일본에서도 역시 민간요법 차원에서 오랫동안 초콩을 사용해왔으며 지금도 한창 붐을 이루고 있다.

초콩을 먹으면 건강한 뇌와 세포를 유지할 수 있으며 노화가 두렵지 않게 된다. 여태까지 노화를 방지하기 위해 초콩을 먹어온 사람은 드물었으며 대부분은 질병을 예방하기 위해 초콩을 먹어왔다. 그러나 결과적으로 초콩을 먹은 대부분의 사람들이 그 나이보다 훨씬 젊고 활동적이어서 초콩에 대한 연구가 이뤄졌고 초콩의 노화방지 작용이 연구결과로 입증되었다.

초콩의 노화방지 효과를 설명하려면 우선 노화가 어떻게 이뤄지는지를 설명할 필요가 있다.

과산화지질은 우리 몸의 지방 성분이 산화되어 생긴 것으로 단백질과 결합하여 '리포푸스친'이라는 물질로 변한다. 이 리포푸스친은 대표적인 노화물질로 노인의 피부에 검버섯과 같은 반점을 일으키는 것으로 알려져 있다.

노화를 늦추려면 과산화지질을 억제해야 하는 것이다. 일단 과산화지질을 대량으로 함유한 식품을 멀리하고, 어쩔 수 없이 먹게 되는 경우라면 과산화지질의 작용을 약하게 해주어야 하는데 이때 콩의 리놀레산과 식초가 도움이 된다.

또 콩에 들어 있는 사포닌의 효과에도 주목할 필요가 있다. 사포닌에도 몸에서 과산화지질을 쫓아내고 노화를 방지하는 기능이 있기 때문이다.

핵산도 노화와 관련이 있다. 핵산이란 모든 생물의 세포 속에 존재하는 유전자의 본체로서 세포 분열, 성장, 에너지 생산 등 생명의 근원과 관계가 있는 물질이다. 우리 몸은 세포가 분열되면서 성장하고 신진대사가 이루어지면서 새로운 세포를 만드는데, 그 과정에서 핵산이 매우 중요한 역할을 하게 된다.

그런데 나이가 들면 이 핵산의 기능이 저하되어서 그것이 노화로 이어진다. 거꾸로 생각하면 핵산을 지속적으로 보급해주면 세포가 활성화되어서 신진대사도 활발해지므로 노화를 방지할 수 있다는 말이 된다.

핵산이 많이 들어있는 식품에는 어떤 것이 있을까? 생선의 제왕인 멸치와 고등어, 꽁치 등의 등푸른 생선, 그리고 콩류를 꼽을 수 있다. 실제로 장수하는 사람들이 섭취하는 음식을 분석한 결과 야채와 해산물, 콩 제품이 압도적으로 많았다.

항암물질로 가득한 초콩

그렇다면 초콩을 복용하면 얻을 수 있는 질병방지 효과는 무엇일까? 우선 당뇨병, 고혈압과 저혈압, 오십견, 간장병, 신장병, 변비, 신경통과 심장병 등을 다스리는 효과가 있다.

콩은 노화방지 외에도 항암 작용을 한다. 콩에는 트립신 억제제, 피트산, 파이토스테롤, 사포닌, 이소플라본 등 다섯 가지 항암물질이 함유되어 있다는 것이 연구를 통해 밝혀졌다. 이 획기적인 발견으로 콩 제품이 큰 인기를 끌었는데, 미국에서 두부 열풍이 일어난 것도 그 때문이다.

물론 비만 방지효과도 탁월하여 여성들을 사로잡는다고 해도 결코 이상할 것이 없다. 또 혈액을 산성으로 만드는 육류 단백질을 양질의 콩 단백질로 대체하면 피가 더러워지는 것을 막을 수 있다.

초콩은 콩이 가지고 있는 풍부한 영양성분 외에도 레시틴, 사포닌, 이소플라본, 식이섬유, 올리고당, 피트산 등의 생리활성 물질을 다양하게 함유하고 있으며, 초콩의 식초는 우리 몸에 쉽게 흡수되어 호르몬 구실을 하기도 한다. 말하자면 초콩의 건강효과는 콩의 아미노산과 젖산균의 제왕인 식초의 효과가 합쳐져 생기는 것이다.

초콩 만들기

재료

검은콩서리태 480g, 현미식초 2L, 벌꿀 240g, 주둥이가 넓은 유리병

만드는 법

1. 콩 480g을 씻어서 마른 천으로 깨끗이 닦아 물기를 제거한다.
2. 콩을 병 속에 넣고 현미식초 2L를 붓는다. 양을 늘리거나 줄여도 콩과 식초의 비율을 1대 4로 유지하면 된다.

3. 벌꿀을 약간 혼합해도 되고 그러지 않아도 된다.

4. 뚜껑을 꼭 닫아 20~25℃ 정도의 상온에서 약간 어두운 곳에 둔다.

5. 일주일 정도 두면 완성된다.

〈보관 및 먹는 방법〉

완성된 초콩은 냉장고에 보관하면 된다. 먹을 땐 하루 2~3회 식후에 초콩을 한 숟가락씩 꼭꼭 씹어먹거나 과일 주스를 만들 때 같이 갈아 마신다. 말려서 분말을 만들어 먹어도 된다.

04 혈액이 정화되는 천연 활력제 초마늘

마늘과 식초의 만남

초마늘은 초콩과 마찬가지로 마늘을 천연 현미식초에 담가 먹는 건강식품이다. 식초와 마늘의 건강 성분이 만나 우리 몸에서 동맥경화, 암, 간 질환, 빈혈 등의 증상을 개선하고 동시에 강력한 활력을 불어넣어 각종 질병을 예방한다. 또한 초마늘의 식초는 근육에 쌓이는 젖산 등의 피로 물질을 제거하고 몸의 균형을 바로 잡아 피로를 풀어주는 작용을 하기 때문에 좋다.

마늘의 뛰어난 살균력

마늘은 소독약으로 많이 쓰이는 석탄산보다도 살균력이 15배 이상이나 강하고, 마늘 속에 함유된 알린 1mg은 페니실린 15단위 정도 되는 상당한 살균력이 있다. 그래서 마늘은 다른 식품에 있는 유해균을 없애고, 기생충 발생도 억제한다. 해충이나 쥐, 뱀 등에 물렸을 때 마늘즙을 바르는 민간요법은 전혀 근거 없는 것이 아니다.

마늘의 이러한 성분으로 인해 초마늘에도 대장균이나 콜레라균, 장티푸스균을 죽일 수 있는 강력한 살균 작용이 있다. 식초에도 항균 작용이 있어서 마늘과 식초가 함께 들어있는 초마늘은 강력한 식중독 예방제로 쓰인다.

마늘은 날로 먹거나 요리에 넣어 익혀먹는 것보다 과일주스를 만들 때 혼합하여 즙이나 액체 상태로 마시는 것이 효과가 가장 빨리 나타난다. 약효가 있는 성분은 고체 속에 있는 것보다 액체 속에 있는 편이 단백질이나 당질의 유효 성분과 결합하기 쉽고, 점막이나 혈류, 신경세포에 흡수되어 반응하기 쉽다.

그런 점에서 초마늘은 좋은 마늘 섭취법이 된다. 초마늘을 강판이나 믹서에 갈아서 벌꿀과 1대 1로 혼합하여 먹으면 벌꿀의 소염작용, 마늘의 살균작용, 천연식초의 해독작용을 함께 볼 수 있다.

고대로부터 내려온 천연 활력제 마늘

마늘이 인류 역사에 최초로 등장한 것은 기원전 4500년에 나일강을 중심으로 한 고대 이집트에서부터다.

'역사의 아버지'라 일컬어지는 고대 그리스의 역사가 헤로도토스는 피라미드 중에서도 가장 크다고 알려진 쿠푸 왕의 피라미드 안에서 발견한 상형문자를 해독해냈다. 그에 따르면 피와 눈물로 피라미드 건설에 종사한 노예들의 체력 유지를 위해 야생 마늘을 먹었는데, 그곳에 그 총량이 적혀있었다는 것이다.

마늘은 고대문명이 확산되면서 아라비아, 아프가니스탄을 거쳐 인도, 중국으로 전해지고 이어서 동양 전역으로 번지는 한편, 지중해 연안에서 그리스로 전달되고 또 유럽에 이식되기에 이르렀다.

중국에서 마늘은 전한시대 한무제 때 서역정벌에 나갔던 장건(張騫)이 지금의 아프가니스탄에서 오이, 깨와 함께 가져오면서 전래되었다는 설이 있다. 그러니 우리나라에는 그 이후에 전해졌다고 보는 것이 옳을 것이다.

마늘이 인도에 보급되지 못한 까닭은 불교의 금욕주의 때문이었다. 마늘이 특수한 최음작용을 한다고 믿은 불교도들은 그것을 먹지 않았으며 지금도 승려에게 마늘은 금기이다.

고대 그리스에서도 마늘의 약효에 주목하면서 학문적으로 규명하기 위해 노력을 기울였다. 그리하여 짐승에 물린 상처, 충치, 촌충, 문둥병, 간질병, 가슴앓이 등에 효능이 있다는 문헌이 남아있다.

마늘의 효능을 설명한 중국의 기록은 다음과 같이 남아있다. "마늘은 맛이 맵고 성질이 뜨겁다. 또 기를 잘 돌게 하고 비장과 위장을 덥혀주며, 감기와 찬 기운을 없앤다. 독을 풀어 부스럼을 낫게 하고 위를 튼튼하게 하며, 살균 작용, 항암 작용, 이뇨 작용, 자궁 수축 작용, 동맥경화 예방 작용 등을 한다. 또 급성·만성 대장염, 간염, 설사, 위염, 고혈압, 백일해, 유행성 감기, 피부염 등에 두루 쓴다."

마늘의 우수한 성질을 일찍부터 알았던 중국 사람들은 마늘을 장수약, 최음제로 애용했는가 하면, 요리에서도 빼놓을 수 없는 재료로 발전시켜 『제민요술齊民要術』, 『본초강목』 등에 재배법, 이용법이 상세히 기록되어 있을 정도다.

중국에서는 예로부터 마늘을 '일해백리一害百利'의 식물로 불렀다. 한 가지 해로운 것은 마늘의 심한 냄새를 의미하고 백 가지 이로운 것은 셀 수 없을 만큼 많은 마늘의 약효를 말한다.

마늘을 일상 음식 또는 약으로 복용하기 위해 마늘 초절임, 마늘 꿀절임, 마늘주 등의 조리법이 개발되었다. 그중에서도 마늘 초절임은 마늘의 우수한 성분과 식초의 효능이 합쳐져서 여러 가지 증상에 효과를 나타내는 것으로 밝혀져 주목을 받는다.

제2차 세계대전 중 일본의 어느 학자가 만주를 방문했을 때, 현지인들이 굶주리는 가운데서도 체력이 왕성한 이유가 마늘을 항상 먹기 때문이라는 사실을 알아냈는데, 여기에서도 마늘의 효능을 알 수 있다.

그 당시 중국 남부에 진군했던 일본군은 모두 말라리아에 걸려 고생했지만 현지인들은 아무렇지도 않았는데, 그것도 현지인들은 마늘을 항상 먹기 때문임을 밝혀냈다고 한다.

전쟁 전에 일본인들은 매운 마늘을 무척 싫어해서 우리나라 사람을 보고 마늘 냄새가 난다고 곧잘 타박했다. 그런데 지금 일본에서는 마늘이 유행하고 있다. 일본인들은 매실을 소금에 절여서 만든 전통음식인 우메보시를 즐기지만 그것은 한국의 마늘 초절임에 비하면 효능이 백지장처럼 가볍다.

마늘이 우리 몸에 좋은 8가지 이유

마늘의 당질은 빠르고 강력한 에너지를 공급한다

마늘에는 각종 영양분이 골고루 들어 있는데, 그중에서도 당질의 효능에 주목해야 한다.

우리 인간은 식품 속에 포함된 각종 영양분을 먹고 살아간다. 이 영양분 중에서 가장 강한 에너지를 발생시키는 것이 바로 당질^{당분}과 지질^{지방}이다. 그런데 지질을 소화시키는 데는 세 시간 이상이 걸리고 담즙이 많이 필요하기 때문에 간장에 부담을 주지만, 당질은 불과 30분 만에 소화되어버린다. 그러므로 마늘을 먹으면 빨리 기운이 난다. 그래서 마늘이 강한 활력제가 되는 것이다.

마늘은 우리 몸에 비타민B1을 축적시킨다

또한 활력제로서 마늘의 성분 중에서 가장 중요한 것이 비타민B1과 결합하는 '알리신'이다. 비타민B1은 당질을 에너지로 만드는 데 꼭 필요한 영양소로 우리 몸에서 연료를 연소시키도록 돕는 불쏘시개 같은 존재다.

비타민B1이 부족하면 각기병에 걸릴 수 있고, 쉽게 지치거나 몸이 나른해지기도 하며 설사를 하는 등 위장 장애를 일으킨다. 또한 신경에 이상이 오기 때문에 뇌신경이 약화되어 불안하고 초조해지며 남성은 조루 증세가 나타난다.

비타민B1이 많이 필요한 것은 아니며 하루에 5~6mg이면 충분하다. 하지만 비타민B1은 아무리 많은 양이 몸속에 들어와도 저장되지 않아 그때그때 필요한 양만 사용되고 나머지는 몸 밖으로 배출된다.

그런데 알리신과 비타민B1이 결합한 알리티아민은 몸속에 축적 가능한 지용성 물질이 된다. 몸속에 축적되어 있다가 비타민B1이 필요할 때면 비타민B1을 공급해주어 신체를 늘 활력있게 유지하는 것이다.

마늘은 동맥경화와 혈관 질환을 방지한다

동물성지방과 당분은 혈액 속에서 콜레스테롤로 변해 피를 탁하게 하고, 혈관 벽에 달라붙어 혈액순환이 잘 안 되게 한다. 이와 같은 증상을 동맥경화라고 하며 혈액 순환이 원활하지 않으므로 만병의 원인이 된다.

일본의 마늘 연구가 나가이 가쓰지永井勝次 박사는 동맥경화증으로 죽은 환자들의 혈관을 무수히 가위로 잘랐는데 마치 뼈를 자를 때와 같은 소리가 나서 인간이 이렇게 될 때까지 살 수 있는 그 생명력의 위대함에 감탄한 일이 한두 번이 아니었다고 한다.

마늘은 혈액이 혈관 속에서 응고되는 것을 방지해 현대인의 대표적인 성인병 중 하나라고 할 수 있는 뇌경색이나 심근경색을 예방한다. 왜냐하면 마늘은 동맥경화증의 원인인 동물성지방을 강력하게 소화시키고 콜레스테롤을 녹여 없애는 작용을 하기 때문이다.

마늘에 포함된 알리신은 혈관에 달라붙어서 혈액의 흐름을 방해하는 지방을 배출시키는 작용을 한다. 이로 인해 혈관은 확장되어 혈액의 흐름은 원활해지고 혈압은 안정된 상태로 유지되어 고혈압 증세가 개선된다.

또한 마늘에 함유되어 있는 알리신은 인슐린을 활성화시키므로 당뇨병으로 생기는 혈관 장애성 합병증을 예방하는 효과도 있다.

마늘은 빈혈증을 개선한다

나가이 박사는 마늘의 효과에 대한 다양한 실험을 진행했다. 한번은 마늘과 빈혈의 관계를 실험하기 위해서 남녀 각각 50명씩을 대상으로 1개월간 마늘을 먹이면서 적혈구 수의 변화를 면밀히 관찰했다. 실험 전에 대상자들의 혈액을 자세히 검사한 결과 빈혈 환자는 A, B, C 세 명이 있었다.

마늘을 한 달간 먹은 뒤 A, B, C의 적혈구 수는 정상 수치에 가까워져서 빈혈이 개선되었다는 결과가 나왔다. 빈혈 증세가 없던 정상인 97명 또한 적혈구 수가 약간씩 증가했다.

빈혈 환자 세 명의 적혈구 증가 수치는 다음과 같다.

실험 대상자	검사 전 적혈구 수	한 달 후 적혈구 수
A(남자, 38세)	310만 개	495만 개
B(남자, 42세)	250만 개	405만 개
C(여자, 50세)	210만 개	390만 개

마늘은 간의 해독기능을 높인다

나가이 박사는 마늘과 간의 해독기능에 관한 몇 가지 실험도 했다. 먼저 40세 전후의 건강한 남자 20명을 A, B 두 조로 나누어 A조 10명에게는 한 달간 마늘을 먹이고 B조 10명에게는 먹이지 않았다. 그리고 두 조에게 등산을 시켰더니 처음에는 모두가 맥박, 호흡수, 혈압이 올라갔는데, 마늘을 먹은 A조가 훨씬 빨리 평상시 상태로 돌아왔다.

또 그는 쥐를 대상으로 마늘의 효험에 대한 실험을 했다. 같은 또래의 쥐 20마리를 A, B 두 조로 나누어 A조 10마리에게는 한 달간 마늘을 먹이고 B조 10마리에게는 먹이지 않았다. 그런 다음 쥐의 간장을 검사했다. 간세포에는 해독작용을 하는 미토콘드리아와 리보솜이 들어있는데, A조 쥐들의 간에서 이들 성분이 월등하게 활성화되어 있는 것을 발견했다. 그리고 한 번 마늘을 먹이면 48시간 동안 효력이 지속된다는 것도 발견했다.

그는 다시 마늘을 먹인 쥐들과 먹이지 않은 쥐들을 나눠, 간 질환을 일으키는 화합물인 사염화탄소를 중독시키는 실험을 했다. 유리병 안에 사염화탄소를 적신 탈지면을 깔아서 그 위에 쥐를 집어넣고 마개를 막았는데 마늘을 먹지 않은 쥐들은 곧바로 죽은 반면 마늘을 먹은 쥐들은 10배 이상 오래 살았다.

마늘을 먹지 않아 곧바로 죽은 쥐들을 해부해보니 모두 간에 구멍이 생겨있었다. 반면 마늘을 먹은 쥐들은 죽긴 했지만 간에는 아무 이상이 없었는데 알고 보니 이 쥐들은 간 질환으로 죽은 것이 아니라 산소 부족으로 질식해서 죽은 것이었다.

마늘은 암을 방지한다

마늘은 앞서 말한 것처럼 보통 살균제보다도 15배 이상이나 살균력이 강하고, 또 마늘의 주요 성분인 알리신은 암과 노화의 원흉으로 일컬어지는 활성산소를 줄여주는 항산화 작용을 한다. 이밖에도 항암 작용을 하는 게르마늄과 기타 여러 가지 효소가 있어 암세포의 증식을 막는다.

나가이 박사는 실험용 쥐를 A와 B, 두 조로 나누어 A조는 1개월 전부터 마늘을 먹이고 B조는 먹이지 않았다. 이 A, B 두 조의 쥐에게 암세포를 이식한 결과 마늘을 먹지 않은 B조 쥐는 20일 만에 죽고, 마늘을 먹은 A조 쥐는 40일 이상 살았다. 미국과 러시아 등에서도 같은 실험을 한 결과 마늘이 암세포의 분열을 막아 쥐가 죽지 않는 것을 확인했다.

마늘은 신경안정 작용을 한다

마늘에는 신경안정 작용이 있기 때문에 자율신경 실조증의 완화와 숙면효과도 기대할 수 있다. 마늘 속 알리신은 비타민B1보다도 더 강력한 진통작용을 한다. 이것이 몸을 따뜻하게 만드는 마늘의 성질과 합쳐져 신경통, 무릎 통증 등을 완화시켜준다.

마늘이 기관지염과 천식을 예방한다

예로부터 마늘을 많이 먹으면 감기에 잘 걸리지 않는다고 했다. 이것은 마늘이 폐에 좋은 영향을 미쳐 기관지 점막을 튼튼하게 해서 감기에 대한 저항력을 길러주기 때문이다.

마늘은 또 기관지염이나 천식 예방에도 효과가 있어서 폴란드 등 동유럽 국가에서는 재발이 반복되는 어린이 천식에 마늘 엑기스를 널리 쓴다.

간을 치유하고 노화를 막는 초마늘

천연 현미식초에 풍부하게 포함되어 있는 아미노산은 간세포의 활성화를 돕고, 혈액순환을 촉진시키기 때문에 고혈압 예방에 효과가 있으며, 위액 분비를 왕성하게 해주어 식욕 증진에도 도움이 된다.

초마늘을 오랜 기간 복용한 사람 중에 시력이 좋아졌다고 말하는 사람이 많다. 이를 동양의학 측면에서 보면, 간은 눈과 밀접한 관계가 있기 때문에 초마늘이 간의 해독을 도와 눈의 노화방지에도 효과를 나타내는 것이다.

초마늘 만들기

재료

깐 마늘 300g, 현미식초 0.9L, 벌꿀 240g, 주둥이가 넓은 유리병

만드는 법

1. 깐 마늘 300g을 씻어서 마른 천으로 깨끗이 닦아 물기를 제거한다.

2. 마늘을 병 속에 넣고 현미식초 0.9L을 붓는다. 양을 늘리거나 줄여도 마늘과 식초의 비율을 1대 3으로 유지하면 된다. 단, 마늘이 완전히 식초에 완전히 잠겨야 한다

3. 벌꿀을 약간 혼합해도 되고 그러지 않아도 된다.

4. 뚜껑을 꼭 닫아 20~25°C 정도의 상온에서 약간 어두운 곳에 둔다.

5. 한 달 정도 두면 완성된다.

〈보관 및 먹는 방법〉

만들어놓은 초마늘은 뚜껑을 잘 덮어 냉장실에 보관한다. 초마늘을 먹을 땐 강판이나 믹서에 초마늘을 갈아서 벌꿀과 1대 1로 혼합하여 물에 타 먹으면 되고, 초콩과 마찬가지로 과일주스 만들 때 갈아 넣으면 된다.

섭취량은 갈아놓은 초마늘 기준 한 번에 한 스푼씩 하루에 두 번 정도 먹으면 된다. 어떤 경우나 마찬가지지만 초마늘은 섭취량에 주의해야 한다. 마시기 쉽고 맛있다고 해서 지나치게 많이 먹는 것은 금물이다.

〈초마늘 만들 때 유의할 점〉

1. 마늘은 살균력이 강한 만큼 자극성도 강해서 화학식초로 만들면 위장 점막에 자극을 주어 위에 통증이 생기거나 매슥거림 증세가 나타날 수 있다. 그래서 반드시 천연 현미식초로 만들어야 한다. 현미식초에 함유되어 있는 아미노산이 자극을 완화하기 때문이다.

2. 간혹 초마늘을 만들면 2~3일 후에 마늘이 파랗게 변하는 경우가 있는데 이것은 마늘에 포함되어 있는 작은 양의 원소나 아연이 식초에 반응해서 이온화하기 때문에 나타나는 현상이다. 이 이온화는 몸에 전혀 해가 되지 않으며 오히려 아연에 있는 피부재생 작용이나 활력증진 작용이 강해지고 몸에 흡수되기 쉬운 상태로 변한다.

3. 초마늘을 밝은 곳에 두면 하얗게 흐려지는 경우가 있다. 천연 현미식초의 경우 이 현상이 더 자주 나타나는데, 현미식초에 들어있는 아미노산이 마늘의 유화아릴이라는 성분과 결합하기 때문에 생기는 것으로 몸에 전혀 해롭지 않다.

4. 뚜껑을 잘 덮은 초마늘을 냉장실에 보관하면 1~2년 동안 변하지 않는다. 오히려 1년 이상 된 초마늘은 담근 지 얼마 안 된 것보다 훨씬 맛있다. 다만 오래 두고 먹으려면 식초를 충분히 넣어야 마늘이 변하는 것을 막을 수 있다.

5. 초마늘은 마늘을 식초에 담가 두었다가 먹는 것이기 때문에 생마늘만큼 냄새가 심하지는 않지만 먹고 나서 완전히 냄새가 사라지지는 않는다. 다른 사람을 만나기 전에 초마늘을 먹었을 경우 우유를 마시면 마늘 냄새가 나는 것을 방지할 수 있다.

6. 초마늘은 야채샐러드의 드레싱으로 이용할 수도 있고, 고기나 생선 요리에 넣으면 훌륭한 향신료가 된다.

체질에 따른 식초 음식 복용법

● 송엽식초 : 열이 많거나 비만한 사람이 마시면 좋다. 단순히 마시는 것 외에도 초란, 초밀란, 초콩, 초마늘, 생채 무침, 오이냉국 등을 만드는 기본 재료로 사용한다. 살균과 해독작용이 뛰어난 가정상비약이라고 할 수 있다. 또 소주 2홉에 송엽식초를 소주잔으로 반 잔 정도만 혼합하면 즉석에서 알코올 도수가 3분의 1로 줄고 이튿날 숙취가 현저히 줄어든다. 일반 복용할 땐 4~5배의 물에 희석해서 마신다.

● 다슬기식초 : 다슬기식초는 만성간염 보균자와 뇌 신경쇠약자들에겐 생명수와 같다. 특히 눈의 피로에 좋다. 다슬기식초를 꿀과 1대 1₂₀%의 화분을 섞으면 금상첨화로 섞어서 냉장실에 보관한 후, 마실 때 물을 4-5배 희석해서 마신다. 다슬기식초에 함유된 마그네슘은 자율신경 실조로 인한 심장병 부정맥에 신의 한 수가 된다.

● 솔잎효소 : 초산균이 살아있는 솔잎효소는 체질에 관계없이 마실 수 있다. 향기롭고 계란 냄새가 나지 않으므로 어린이와 수험생의 음식에 들어가면 좋다. 또한 여성의 다이어트와 피부 미용 등에 널리 사용할 수 있다. 맛은 좋지만 온갖 종류의 방부제, 방향제, 착색제가 첨가된 일반 주스와는 비교도 되지 않는 건강음료이다. 냉장 보관이 필요 없어 여행할 때 휴대할 수 있고 외국에도 보낼 수 있다. 식후에 30ml 정도를 5~6배의 물에 희석해서 하루 2~3회 복용한다. 묽게 타서 주스처럼 마셔도 좋다.

● 초란 : 비만하고 열이 많은 양성 체질자나 고혈압, 동맥경화, 심장병, 중풍 등 순환계 질환이 있는 환자, 당뇨병, 신장병, 암 환자들에게 좋다. 식후에 30ml 정도를 5~6배의 물에 희석해서 하루 2~3회 복용한다.

● 초밀란 : 추위를 타고, 여위고, 피로한 노인이나 신경이 예민하고 위장, 대장이 약한 음성陰性 체질자, 신경통, 관절염, 골다공증, 신경쇠약, 빈혈 등이 있는 칼슘과 철분이 부족한 사람, 그리고 활력이 부족한 사람이나 늑막염, 폐결핵 등과 같은 소모성 질환이 있는 사람에게 좋다. 만성간염, 간경변증 등 간 질환이 있는 환자는 당분의 농도를 높이는 것이 간세포 파괴를 억제하는 데 유리하므로, 완숙 꿀뿐만 아니라 생화분까지 혼합된 초밀란이 좋다. 식후에 30ml 정도를 5~6배의 물에 희석해서 하루 2~3회 복용한다.

7

건강장수의
습관

●

01 우리 몸은 자연을 원한다

건강하게 오래 살고 싶다면 생활습관을 바꿔라

건강하게 오래 사는 것은 인생에서 무엇보다 중요한 일이다. 돈이 아무리 많아도 건강을 잃으면 아무것도 할 수가 없다. 세상에서 가장 어리석은 자가 건강을 해치면서 돈을 버는 사람이다. 건강을 저축하는 자가 최후의 승리자다.

사람이 병에 걸리는 가장 큰 원인은 바로 피가 나빠지기 때문이다. 암에 걸리면 인체는 스스로 사혈을 한다. 신장암과 방광암은 소변으로, 위암과 대장암은 항문으로, 자궁암은 질로, 폐암은 각혈로 피를 내보낸다. 그 양이 적어서 안 보일 때도 있지만 눈에도 보인다면 매우 중증이다.

인체가 왜 피를 내보내겠는가? 바로 피가 사용하지 못할 정도로 더러워졌고 그렇기에 병에 걸렸기 때문이다.

즉 평소에 피가 나빠지지 않도록 잘 생활한 사람은 일생을 건강하게 살고, 반대로 피가 더러워지는 습관대로 생활한 사람은 건강하지 못한 삶을 산다.

우리 몸에 분포되어 있는 혈관의 길이는 지구 둘레의 두 바퀴 반이나 된다. 이 긴 혈관은 산소와 영양을 공급하고 노폐물을 배출하는 수송로 역할을 하는데, 어느 한 군데만 막혀도 심각한 질병을 일으킨다. 일단 피가 한번 나빠지면 피를 통해서 만들어지는 세포, 세포가 모인 조직, 조직이 모인 기관, 기관이 모인 인체가 연달아 제 기능을 상실해서 병에 걸린다.

그렇다면 피가 잘 돌지 않고 독이 쌓이는 원인은 무엇일까? 그것은 나쁜 공기와 음식, 운동 부족, 과한 마음 때문이다. 공기, 물, 음식은 피의 원료 인자가 되고, 운동은 피의 순환 인자가 되며 과하지 않은 마음은 피의 영향 인자가 된다. 세 인자가 나빠지면 피가 더러워지고 움직이는 힘이 약해진다.

따라서 나빠진 피를 좋게 만들기 위해서는 앞서 말한 피의 세 가지 구성 요소를 제대로 갖추어야 한다. 우선은 좋은 공기, 좋은 물, 좋은 음식 등 좋은 원료로 피를 만들어야 한다.

좋은 원료로 만든 피라도 운동이라는 순환 인자를 무시한 채 손가락 하나 움직이기 싫어하며 산다면 피가 몸 전체를 제대로 돌지 못하게 된다. 마찬가지로 분노하고 좌절하는 생활을 하여 영향 인자가 오염되어버리면 좋았던 피는 다시 탁해져 버린다.

이처럼 피를 구성하는 세 가지 요소 가운데 어느 것 한 가지라도 소홀히 하면 다시금 피에 독이 쌓인다. 그러면 자연치유력을 잃게 되고 건강을 해쳐서 병에 걸리고 만다.

초란은 깨끗한 피를 만드는 좋은 원료가 되는 동시에 더러워진 피를 깨끗하게 하는 치유제가 된다. 이미 혈액 건강을 잃은 사람이라도, 아침을 굶고, 현미잡곡밥을 먹고, 초란을 마셔서, 혈액의 독소를 내보내면 소기의 성과를 얻을 수 있다.

음식에 답이 있다

전 일본 의사회 회장이었던 다케미 타로武見太郎 박사는 자신이 쓴 논문에서 다음과 같이 말했다. "지금의 의학에는 무언가 결함이 있다. 자기가 병을 앓기 시작해서야 비로소 병이란 것을 알게 된다. 즉 병에 걸리기 직전까지는 전혀 알지 못하는 데 문제가 있다. 나는 철저한 과학적 연구로 병을 미리 알고 예방할 수 있다고 확신한다. 21세기 의학은 반드시 이 방향으로 나아가야 한다."고 말했다.

현대 의학을 창시한 히포크라테스 이후 2,300여 년간 의사들은 병이라는 결과를 치료하는 데만 열중하고, 병의 원인을 제거함으로써 병을 예방하는 일을 등한시해왔다.

앞으로 의학은 병의 원인을 제거해서 병 없는 세상이 되게끔 하는 방향으로 나아가는 노력을 하지 않으면 안 된다.

의사들은 병을 고치는 사람이 아니라 병 없이 사는 생활법을 가르치는 선생이 되어주어야 한다. 세상만사 원인을 제거하면 결과는 스스로 다스려진다. 결과를 먼저 다스리고 원인을 등한시하면 만사가 어긋나게 되어있다.

음식물이 육체와 정신을 만든다. 나쁜 음식을 먹어서 육체와 정신에 병이 생기는 것은 당연한 이치다. 목숨을 위협하는 성인병은 대부분 나쁜 음식물이 원인인 식원병이다. 따라서 병이라는 결과를 치료하기 위해서는 우선 주요 원인인 나쁜 음식물을 먹지 말고 그런 음식물 때문에 생긴 몸속의 독을 없애야 한다.

히포크라테스는 병을 고치는 기본 원칙을 다음과 같이 말했다. "음식물을 당신의 의사 또는 약으로 삼으라. 음식물로 고치지 못하는 병은 의사도 고치지 못한다. 병을 고치는 것은 환자 자신의 자연 치유력뿐이다. 의사가 그것을 방해해서는 안 된다. 또 병을 고쳤다고 해서 약이나 의사 자신의 덕이라고 자랑해서도 안 된다."

현대 의사들은 자기들의 스승인 히포크라테스를 거역하고서 음식물로 병을 고치려 하지 않고 약, 주사, 광선, 수술 따위로 고치려고만 해왔으니 오늘의 비극이 생겨난 것이다. 그 때문에 의학과 약학이 세계 제일이라고 자랑하는 미국은 그 많은 병원과 약방이 있으면서도 인구의 3분의 2 이상이 현대문명 병 환자가 되었다.

미국 상원에서는 이러다가 병으로 나라가 망한다고 생각해서 전 세계 최고권위의 학자 300여 명에게 연구를 하게 했는데, 그들이 3

년간 천문학적인 예산을 쓰고 주야로 연구한 결론은 "현대문명으로 인한 병을 예방하고 치료하기 위해서는 20세기 초의 식사로 되돌아가라."였다. 이 내용은 미국 상원 보고서에 실렸다. 서양에서 20세기 초의 식생활이라면 한국에서는 60년 전의 식생활이다.

인간은 자연에서 멀어질수록 질병과 가까워진다. 즉 인간은 자연으로 돌아가야 하며 그 첫 단계는 바로 음식을 자연으로 돌리는 데에 있다.

그렇다. 진리는 시공을 초월하는 것이다. 2,300년 전에 히포크라테스가 말한 진리와, 현대 의학의 최고권위 학자 300여 명이 말한 진리, 삼위일체 장수법의 창시자 안현필 선생의 진리, 그리고 백면 서생인 내가 말하는 진리가 모두 한 치도 다름이 없다.

건강장수법을 연구해서 마침내 정점에 이르면 누룩으로 만든 식초와 메주로 만든 된장, 즉 발효효소에 도달한다. 세포의 생성과 소멸을 주도하는 것이 바로 효소다. 현미, 보리, 콩, 팥 등의 주식에는 자동차의 연료에 해당하는 탄수화물, 단백질, 지방이 들어있고 식초, 된장, 김치에는 윤활유에 해당하는 효소, 비타민, 미네랄이 들어있다.

옛날에는 못 살고 못 먹어서 연료가 부족해 병들었으나, 현대인들은 연료는 넘치는데 윤활유가 부족해서 병이 든다. 제때 제 곳에서 생산된 조상의 전통식품을 깎거나 첨가하거나 변질시키지 않고 자연 그대로 먹으며 효소, 비타민, 미네랄, 호르몬을 동시에 해결하는 초밀란을 마시고, 아침을 굶고서 산천을 달리면 암이나 중풍에 걸릴 이유가 없다.

식초를 수입 밀이나 빙초산으로 만들고, 된장과 김치를 유전자 변형 콩이나 정제염으로 만들고, 식품에 방부제, 방향제, 착색제, 조미료 따위를 혼합하니까 문제인 것이다.

시중에 유통되는 건강식품의 80퍼센트는 오히려 먹어서 해로운 것들이다. 인체는 자연에서 생성된 효소, 비타민, 미네랄, 호르몬 등의 원료를 원한다. 효소가 사멸되고 젖산균이 없는 각종 건강식품은 간장, 신장을 지치게 만들 뿐이다. 신장병은 좋은 물을 많이 마시고 수박, 물김치, 오이냉국, 동치미를 잘 마시면 걸리지도 않는 병이다.

좋다는 약재는 다 넣었다는 건강농축액 안에 무엇이 들었는지 확실히 알기나 하는가? 겁 없이 그런 걸 오랫동안 복용할 것인가? 음식이 되지 못하고 약만 되는 물질은 간장의 입장에서 볼 때는 이물질에 지나지 않는다. 가격도 터무니없이 비싸다. 무엇인지도 모르는 것을 비싼 가격이 떠받치고 있는 꼴이다.

약에 지나치게 의존하기보다는 자연식과 전통 발효식품을 섭취하고 좋은 물을 많이 마셔야 한다. 약이 아니라 음식이 건강의 열쇠를 쥐고 있는 것이다.

02 건강한 삶을 위한 아홉 가지 제안

아침을 굶고 생수를 두 잔 마셔라

병이 생기는 가장 큰 원인은 과식과 체내 독소 누적이다. 아침을 먹지 않고 생수를 많이 마시면 병을 고치는 자연치유력이 생긴다.

음식을 먹지 않으면 배가 고프다. 그러다가 배고픔이 굶주림으로 변해도 음식물을 먹지 않으면 인체는 그때까지 몸속에 저장해두었던 영양분을 사용하기 시작한다.

이때 몸 안에서 가장 중요한 신경이나 심장에 필요한 영양분은 끝까지 남고, 가장 빨리 사용되는 것은 체내의 종양이나 유착물질 등의 노폐물이며 그다음이 피하지방이나 혈관 속 콜레스테롤이다. 이것이 가장 중요한 단식의 건강원리이다.

몸의 대청소이자 자동차로 치면 엔진 분해 수리라고 할 수 있는 단식은 체내 노폐물을 청소하는 일이라 할 수 있다. 속을 비우면 자율신경계와 내분비계에 영향을 미쳐 자연치유력이 높아진다.

일본이 낳은 세계 제일의 자연 건강학자인 니시 가츠조_{西勝造} 박사는 15세 때 너무나 몸이 약해서 아버지와 함께 동경에 있는 일류 병원에 진찰을 받으러 갔다. 의사는 "이 아이는 건강관리를 철저히 하지 않으면 20세 이상 살 수 없겠습니다."라고 했다.

니시 박사는 그 후 동서고금의 건강 책 7만여 권을 독파하고 '니시 건강법'을 창안했는데, 이것이 세계적으로 유명해져서 "고대의 의성_{醫聖}은 히포크라테스이고 현대의 의성은 니시 가츠조다."라는 말을 듣게 되었다.

니시 건강법의 핵심은 인체가 오전에는 배설하고 오후에는 흡수하므로 아침을 굶고 생수를 많이 마셔서 몸속의 독을 빼야 한다는 것이다.

그는 수많은 피실험자들을 대상으로 하루에 소변으로 나오는 독소량을 검사했는데, 그 결과 아침, 점심, 저녁 1일 3식을 하는 사람의 소변에는 독소가 75퍼센트만 배출되고 25퍼센트가 체내에 잔류했으며, 아침을 굶고 점심, 저녁 2식을 하는 사람의 소변에는 독소가 100퍼센트 배출된다는 결과를 얻었다. 이는 인체가 오전 중에는 배설 기관을 활동시키고 해독작용을 하므로 오전 중에는 영양을 섭취하지 않는 것이 좋다는 사실을 말해준다.

세 끼를 반드시 먹어야 하는 것은 아니다. 짐승도 세 끼를 먹지 않는다. 특히 만성 위장병과 변비는 아침을 먹지 않는 것만으로도 좋아진다. 아침을 굶으면 소화 기관이 전체적으로 건강해져서 점심도 맛있고 저녁도 맛있어진다. 건강장수는 맛있게 먹은 밥그릇 수와 비례한다.

먹기 싫은 아침을 억지로 먹고 허둥지둥 출근하면 위장의 혈류량이 감소해서 위암의 원인이 된다. 식욕이 없을 때 억지로 먹은 것은 소화가 안 되고 썩어서 독을 만든다. 암세포는 잉여 영양분을 먹고 살기 때문에 소화가 안 된 것은 병을 일으킨다. 인간이 늙고 병들어 죽는 가장 큰 원인이 여기에 있다.

병은 먹어서 고치는 것이 아니라 굶어서 고친다. 천하명의의 의술이나 먹으면 기사회생한다는 영약으로 고치는 것이 아니라, 하늘이 주신 생수와 공기, 햇살, 그리고 현미, 콩, 깨, 마늘, 식초, 된장, 김치, 새싹 등을 먹는 생식으로 고친다.

배가 고픈 상태를 즐겨야 한다. 속을 비워야 몸속에 해독작용이 일어나고 백혈구의 식균력이 높아지며, 외부의 병균을 죽여 인체를 보호하는 T림프구의 활동이 왕성해진다. 그리고 간장, 위장, 신장이 휴식을 취하고 스스로 상처를 치유할 수 있다.

저녁을 6시에 먹고 이튿날 아침을 굶고서 12시에 점심을 먹으면 18시간을 단식하는 것이다. 이것만으로도 충분하니 몸에 무리를 주는 장기간 단식은 하지 않는다.

아침에 일어나서 바로 생수 두 컵을 마시면 신장이 밤새 작업해놓은 노폐물을 시원하게 배설하는 데 도움이 된다. 그리고 점심때까지 굶고 생수만 마셔서 독소를 배출한다. "못 먹어서 병났나, 많이 먹어 병났지."라는 말처럼 병은 몸에 불필요한 물질이 쌓여서 생기는 것이다.

물은 세포 내에서는 물질대사의 매체가 되며 세포 밖에서는 세포 환경의 매체가 된다. 물질대사는 물속에서 일어나는 화학반응이며, 물질은 물에 녹아있어야 운반될 수 있기 때문에 물이 없는 생명이란 생각하기조차 어렵다. 참으로 물은 생명의 원천인 것이다.

물은 더러운 것을 씻어내고, 굳은 것을 녹여내며, 탁한 것을 맑게 한다. 인체는 물속에 잠겨 있는 섬이다.

아침을 굶고 용존산소가 살아있는 물만 많이 마셔도 신장병에 걸리지 않고 고혈압, 당뇨병, 간장병은 반 이상 고칠 수 있다. 하루에 생수를 2리터는 마셔야 한다. 잔으로는 열 잔 정도다.

초밀란을 먹어라

사람이 먹는 단백질이나 탄수화물 등에서는 여러 가지 대사물질이 생성된다. 단백질에서는 요산, 요소, 황산, 인산 등이 만들어지고 지방이나 탄수화물에서는 낙산, 아세트산, 젖산, 초성포도산 등이 만들어진다.

이들 물질은 혈액을 산성으로 바꾸며 강한 자극을 주기 때문에 몸속에 그대로 머물러 있으면 각종 염증과 위궤양 등을 유발할 수 있다. 이러한 유해물질을 중화하고 배설시키는 데 중요한 역할을 하는 것이 바로 식초다.

초밀란은 유정란을 천연식초에 담가 껍질째 녹여서 벌꿀과 화분을 혼합하여 초산칼슘을 만들어 마시는 것이다. 초산칼슘은 우유에 들어있는 칼슘이나 사골에 들어있는 칼슘과 달리 공해가 없고 가장 질이 좋으며 흡수가 잘되는 칼슘이다.

산삼, 녹용, 웅담보다 제대로 생산된 천연식초와 유정란 한 알이 더 영양가가 많고 자연치유력이 높다. 인간이 떠받드는 가치를 거꾸로 봐야 한다. 산삼이 무보다 나을 이유가 아무것도 없다. 모두 다 욕심 많은 인간들이 만들어낸 허상이다. 난황은 살아있다. 생명 그 자체인 유정란에 천연식초를 첨가하면 뛰어난 자연 치료제가 된다.

암 특효약이나 두뇌 영양제로 고가에 판매되는 외국산 레시틴 제제를 복용하는 것보다 초밀란을 먹는 것이 훨씬 현명하다. 천연식초의 젖산균, 계란의 칼슘과 철분, 레시틴을 가장 흡수가 잘 되고 질이 좋은 상태로 먹을 수 있기 때문이다. 허리 삐고 담 걸리면 식초에 계란을 녹여서 마셨던, 한국의 할머니, 할아버지들은 다 알고 있었던 활력제·치료제를 많은 현대인들이 모르고 있다.

염분은 조상의 방식대로 섭취하라

소금 하나만 잘못 먹어도 건강장수는 불가능하다. 염분은 위산의 원료이다. 위산은 음식물에 섞여 들어오는 각종 세균을 없앨 뿐만 아니라 철분을 소화시켜 적혈구를 만든다.

또한 염분이 부족하면 신경계가 조화를 이루지 못하고 인체의 좌우 순환 속도가 달라질 뿐만 아니라, 체액이 중화되지 못하며 혈액에 생긴 이상을 바로잡지 못한다. 염분은 독소 제거, 살균, 방부 작용을 통해 인체를 지켜주는 파수꾼과도 같다.

우리 조상들은 장사를 하거나 이윤을 남길 때 실속 있고 값진 것을 '짭짤하다.'고 표현했다. 이 말처럼 짭짤한 음식도 우리 몸에 실속 있고 값진 것이라 할 수 있다.

우리 조상들은 짭짤한 것을 간장, 된장으로 섭취했다. 정제염은 식품이라기보다 화학 약품이라서 고혈압을 유발하고 신장 세포를 찌그러트리지만 조상의 방식대로 간장, 된장으로 염분을 섭취하면 염분은 우리 몸에 실속 있는 영양분이 된다.

하지만 많은 의사, 박사들이 소금을 멀리하고 싱겁게 먹으라고 주장한다. 왜 이런 주장이 나오는 것일까? 화학적으로 제조된 정제염으로 염분을 섭취하는 것과 간장, 된장 같은 발효음식으로 염분을 섭취하는 것의 차이를 구분하지 못하기 때문이다.

심지어 어떤 의학박사는 한국인이 국이나 찌개 때문에 염분을 과다 섭취한다고 하며 한민족이 1,000년간 먹어온 국과 찌개를 먹지 말자는 운동을 벌이고 있다. 하나는 알고 둘은 알지 못하는 무지의 소치다.

문제는 국이나 찌개를 먹는 식습관에 있는 것이 아니라 정제염으로 간을 내고 그 정제염으로 화학 제조공정을 거쳐 만든 공산품 간장, 된장을 사용하는 데에 있다. 우리 조상의 전통방식대로 반드시 국산 콩과 천일염으로 간장과 된장을 만들어 염분을 섭취한다면 아무 문제가 생기지 않는다.

좋은 영양소는 좋은 재료로 섭취해야 효과가 있다. 오염된 음식으로는 제대로 된 영양소를 섭취할 수 없다. 김 양식장에 염산이 뿌려지는 세상이다. 남이 먹는 것이라고 함부로 다루는 사람이 많다. 따라서 식품의 생산자가 누구인지 알고 먹는 것이 매우 중요하다.

비싼 녹즙을 마시지 말고 생 된장에 콩가루, 깻가루, 멸치가루, 마늘을 많이 찧어 넣어 생감자, 생고구마, 양파, 미나리, 배추, 부추, 상추, 쑥갓 등 생야채를 가릴 것 없이 찍어 먹으라. 마늘은 인체의 불쏘시개 역할을 하는 비타민B1을 흡수하는 데 도움이 되고, 된장의 발효된 염분은 위암을 억제한다.

해산물을 즐겨라

지구상의 물질들은 한 곳에서 다른 곳으로 끊임없이 이동해왔으며, 그런 이동 중에 가장 뚜렷한 것이 바다를 향해 가는 물의 흐름이었다. 물이 바다를 빠져나가 육지를 순환하고 돌아올 때마다. 물은 여러 물질과 접촉하는 과정에서 무엇인가를 빼앗아 녹여온다.

바다에는 이렇게 몇 십억 년 동안 쌓인 광물과 물질이 가득하다.

그래서 바다를, 숱한 종류의 광물들이 녹아서 쌓여있는 지구 최대의 창고라 하는 것이다.

바닷물에는 약 80종 이상의 원소와 여러 가지 화합물들이 녹아 있다. 이런 환경에서 사는 해산물에는 미네랄이 풍부하므로 미역, 멸치, 새우, 해삼, 소라 등등 해산물을 즐겨 섭취해야 한다.

지방을 멀리해선 안 된다

인체는 물 70퍼센트, 단백질 20퍼센트, 지방 10퍼센트로 구성되어 있다. 따라서 기름을 무조건 적대시하면 안 된다. 탄수화물이 주성분인 쌀밥을 먹는 한민족은 반드시 단백질과 지방이 함유된 콩, 팥, 깨를 통해 단백질과 지방도 먹어야 한다.

또한 지용성 비타민A · D · E · K의 흡수를 위해서 동물성지방의 섭취도 필요하다. 토종 유정란을 천연식초, 참기름, 천일염과 함께 먹으면 남성과 여성 모두에게 좋다. 아침은 굶고 점심은 현미 잡곡밥과 된장, 김치를 먹고, 저녁은 옥수수 반 개만 먹으라. 하루 종일 노동하는 나도, 앞에서 설명한 방법으로 만든 오골계 유정란을 오전 오후 한 개씩 먹는 것으로 지탱한다.

현미를 먹으라

현미는 식이섬유가 많아서 변비에 효과가 있다. 대장에 숙변이 있으면 장 속 세균이 숙변을 분해해서 인돌이나 암모니아 같은 유해물질이 생성된다. 이와 같은 유해물질이 간장으로 역류해서 독이 쌓이고, 직장에 정체되어 있으면 직장암을 유발한다. 따라서 변비 치료에 효과가 있는 현미를 먹는 것이 좋다.

현미는 씨눈이 남아있어 지방과 단백질이 많고 비타민B1이 많이 함유되어 있어 백미보다 영양가가 높다. 50번 이상 꼭꼭 씹어 먹으면 백미보다 소화율이 오히려 높고, 하루 종일 허기지지 않게 된다. 현미는 가장 좋은 비타민과 무기질의 공급원이 될 수 있다.

씨눈이 살아있는 현미

특히 현미 쌀눈에 함유된 감마 오리지널 성분은, 다슬기에 함유된 마그네슘과 더불어 자율신경 실조증과 심방세동 부정맥을 예방 치유하는데 매우 유용하다.

마그네슘을 챙겨라

칼슘, 마그네슘을 비롯한 미네랄은 비타민과 함께 지방, 탄수화물, 단백질 등 5대 영양소에 포함되는 생리활성 물질이다. 신경, 골격, 혈액의 구성 성분일 뿐만 아니라 체내 전해질의 균형 유지에도 관여

한다. 미네랄은 이처럼 다양한 역할을 하지만 지구의 어떤 생물체도 미네랄을 스스로 체내 합성할 수 없어, 반드시 식품으로 섭취해야 한다.

특히 마그네슘은 에너지 생산, 근육의 수축·이완, 신경 활성화, 뼈 유지에 필수적인 물질이다. 우리의 신경계에서 마그네슘은 흥분이나 초조한 상태를 가시게 하고 긴장감을 줄여주어 심신을 안정시키는 역할을 한다.

때문에 마그네슘이 부족하면 불면증이나 우울장애, 신경과민, 불안증 등이 나타날 수 있다. 또 마그네슘이 부족해지면 근육경련, 극심한 피로감, 눈 밑이 떨리고 자주 다리가 저리는 증상 등을 겪기도 한다.

특히 마그네슘 부족은 심장 전기의 부조화를 일으켜, 작금 사망률이 급증하고 있는 자율신경 실조증으로 인한 심방세동 부정맥을 유발하는 중요한 원인이 된다. 전문가들에 의해 마그네슘이 '천연의 진정제'로 불리는 것도, 심장 전기에 관여하는 마그네슘의 이러한 성질 때문이다.

마그네슘은 주로 통곡, 콩류, 해조류 등에 풍부한데 식생활이 서구화되면서 식품을 통해 섭취하기가 어려워졌다. 약으로 섭취하는 마그네슘 또한 흡수가 어렵고 설사 등의 부작용이 있을 수 있다. 앞서 말했듯 이렇게 중요한 마그네슘은 '물속의 웅담'이라 불리는 다슬기에도 듬뿍 함유되어 있다.

식이유황 엑기스를 준비하라

MSM Methyl Sulfonyl Methane 이라고 불리는 식이유황은 우리 몸의 뼈와 연골 같은 콜라겐 조직을 구성하는 데 필수적인 성분이다. 식이유황을 섭취하면 인체 내 콜라겐 성분이 풍부해져 연골 기능이 강화되고, 관절의 염증과 그로 인한 통증을 완화하는 등 관절 건강관리에 도움이 될 수 있다는 것이다.

식품의약품안전처에서도 황을 함유하는 유기황화합물 식이유황 이 관절 및 연골 건강에 도움을 줄 수 있어 건강기능식품의 기능성 원료로 구분한다. 동의보감에 '유황은 성질이 뜨겁고, 맛이 시고, 몸 안에 쌓인 기로 인하여 덩어리가 생겨서 아픈 적취와 위장의 냉기를 다스린다.'라고 적혀있을 정도로 식이유황은 오래전부터 사용되어온 약재다.

유황은 체내에서 칼슘, 인, 칼륨 다음으로 많은 화합물이다. 신경, 대뇌, 손톱, 발톱, 모발, 근육, 연골, 피부 등 다양한 곳에 분포하고 있다. 또한 식이유황은 우리 몸에서 세포의 투과성을 높여 독소와 노폐물을 배출하고 항산화 효과, 신경 차단, 신경세포 손상 방지, 체세포 조직의 복구 치료 등의 효과를 보인다.

식이유황에 대해 접하는 사람들이 항상 하는 질문이 있다. '식이유황이랑 유황 온천에 있는 유황은 똑같은 건가요?'라는 질문이다. 결론부터 말씀드리자면 두 유황은 다르다.

먼저 유황온천이나 유황오리로 유명한 유황은 무기유황이다. 무기유황은 사람이 직접 먹게 되면 복통과 설사를 일으키기 때문에 외용으로만 사용한다. 식이유황은 유기유황을 말한다.

체내에서 유황이 가장 많이 함유되어 있는 곳은 심장을 에워싸고 있는 심낭이라는 부분이다. 심낭은 심장을 싸고 있는 두 겹의 얇은 막을 말한다. 심낭은 심장이 수축, 이완할 때마다 심장의 겉면이 마찰되지 않도록 보호하는 역할을 하는데, 두 겹의 심낭 사이에는 마찰력을 줄이기 위한 체액이 소량 들어있으며 이 체액의 주성분이 식이유황인 것이다.

일반적으로 식이유황은 항염, 진통, 해독, 피부, 관절 건강에 도움이 된다고 알려져 있지만, 심장박동을 부드럽게 한다는 측면에서 심장병 환자에게 더욱 유용하다.

식이유황 식품은 파, 마늘, 양파, 생강, 강황, 부추, 삼채이다. 하나같이 체열을 올리고 성욕을 솟구치게 하는 최음제(催淫劑)라고 해서 불가에서 금기하는 식품들이다. 위 식품을 옻꿀에 절여서 엑기스를 만들어 냉장실에 보관하고, 만병을 예방, 치료하는 상비약으로 사용하는 것이다. 옻꿀은 6월 말경 옻나무 꽃이 필 때 나온 것이 좋다. 이때 만들어진 옻꿀에는 주위에 피어있는 오가피, 음나무 등 약나무의 약성도 같이 담기게 된다.

유황식품 엑기스에 자신이 생리적으로 즐기고 좋아하는, 초란, 초밀란, 송엽식초, 다슬기식초, 오디식초, 옻꿀식초를 선택해서 타서 마시면 된다. 식이유황 엑기스와 천연 현미 흑초의 만남! 상상만으로도 짜릿한 신의 한 수다.

걷고 달리고 매달려라

인간의 잔꾀로 만든 약이나 기기는 소용이 없고 오직 하늘이 준 깨끗한 물, 공기, 햇빛이 우리의 병을 고친다. 몸속 세포는 나쁜 가스를 배출하고 좋은 공기를 마셔야 원활하게 움직인다. 그리고 이런 작용이 잘 이루어지려면 운동을 해야 한다.

우리가 심호흡을 하지 않고 편히 쉬면 폐가 3분의 1밖에 가동하지 않기 때문에 산소 흡입량과 가스 배출량이 원만하지 못해서 병에 걸린다. 편히 노는 부자들에게 병이 많은 것은 바로 그 때문이다. 병을 고치기 위해서 운동은 안 하고 그저 편히 쉬면서 좋다는 약만 먹으니 병이 점점 악화되는 것이다.

운동을 해서 땀을 흘리면 폐장 속에 들어있던 탄산가스와 간장, 신장에 쌓인 독소가 배출되고 혈액 순환이 잘된다. 또 혈압과 당 수치가 정상으로 내려가고 칼슘도 효율적으로 뼛속에 흡수된다. 등산과 달리기는 건강을 유지할 수 있는 최고의 운동이다. 그러니 당장 산으로, 숲으로 가서 숨을 크게 쉬고 폐활량을 늘리자!

03 식초박사 구관모의 건강상담

Q 남편이 소화를 잘 못 시키는데 갑자기 신경이 예민해져 짜증도 자주 냅니다. 저는 무릎과 발목이 시리고 아픕니다. 초밀란이 도움이 될까요?

A 칼슘이 부족해서 생기는 증상입니다

위장이 허약하면 위산이 부족해서 칼슘, 철분 등 미네랄을 흡수하지 못하게 됩니다. 위장병이 대단한 병은 아닙니다. 하지만 모든 성인병은 위염으로부터 시작됩니다.

무릎과 발목이 시리고 신경이 예민해지는 것은 칼슘이 부족해서 생기는 증상입니다. 그리고 칼슘 결여가 지속되면 신경통, 관절염뿐만 아니라 암을 비롯한 모든 성인병, 그리고 불면증, 조루증, 의처증, 신경쇠약, 치매와 같은 질환이 생길 수 있습니다.

부족한 칼슘은 초밀란을 드시고 멸치, 새우, 미역과 해산물을 즐기면 보충됩니다. 특히 겨울철 해삼이 좋습니다.

칼슘을 비롯한 모든 미네랄은 흡수가 힘든 무기 영양소라, 위산에 이온화되어야 흡수됩니다. 위산이 약하면 아무리 칼슘이 많이 함유된 식품을 먹어도 흡수가 되지 않습니다.

초밀란은 그 자체로 소화효소와 위산의 역할을 대신하며, 식초의 초산균에 칼슘을 녹여둔 영양제입니다. 즉 위산이 칼슘을 흡수하기 위해 녹여야 하는 것을 미리 외부에서 식초가 녹였기 때문에 흡수가 잘되는 것입니다. 하루 2~3회 초밀란을 드십시오. 그리고 독소 제거, 자연식, 운동으로 삼위일체 장수법을 실천하시기 바랍니다.

Q 아내는 고혈압, 갑상선 기능 저하증이 있고 콜레스테롤 수치가 높습니다. 때문에 세 가지 약을 복용하고 있고 많은 약을 복용해서 변비가 심한 상태인데, 이 경우 무엇을 어떻게 먹는 것이 좋을까요?

A 약보다는 발효음식을 섭취하고 운동을 하십시오

세균성이 아닌 질환에 약만 먹으면 병세만 점점 악화될 것입니다. 위에 말씀하신 모든 증세는 음식을 잘못 먹어 생기는 식원병食原病이며 운동 부족으로 산소가 부족해 영양분을 다 태우지 못해서 생긴 것입니다.

따라서 몸에 좋다는 보약을 비롯한 고영양 음식을 삼가고, 현미잡곡밥에 된장과 김치 같은 발효식품을 먹어야 합니다. 현미의 섬유와 발효식품의 유산균이 변비를 예방합니다. 초밀란을 드시고 초밀란에 초마늘을 타서 드셔도 좋습니다. 아침, 저녁 운동하시기 바랍니다.

Q 저는 일주일에 서너 번 40분 정도 러닝머신을 하는데, 아픈 데는 없지만 얼굴빛이 좀 까맣습니다.

남편은 일주일에 거의 두 번은 술을 마시지만, 담배는 피우지 않고 아침밥은 무슨 일이 있어도 꼭 먹습니다. 작년 8월에 치질 수술을 받은 이후로 운동은 거의 하지 않고요.

고등학교 1학년인 딸은 손발과 다리가 얼음장같이 차고 춥다는 소리를 자주 합니다. 여드름이 심한 데다 변비도 있고요. 삼위일체 장수법을 따르고 싶은데 학생이라 아침을 굶는 것도 그렇고 운동할 시간도 없습니다.

작은아들은 중학교 1학년인데 어릴 때부터 변비가 심합니다.

초란과 초밀란 중 어떤 것을 먹여야 하고, 어떻게 먹여야 잘 먹을까요? 저희 식구들이 건강해질 수 있는 좋은 방법을 말씀해주세요.

A 운동과 자연식을 생활화해야 합니다

끓인 음식, 즉 효소가 사멸된 음식만 먹는 가정에서는 젖산균, 비타민C, 효소, 유기산이 부족해져 위와 같이 구성원들 모두가 함께 아픈 증세를 보입니다. 전통 발효식품을 끓이지 말고 드세요.

아침에 입맛이 없으면 기꺼이 굶고, 입맛이 좋으면 과즙에 꿀과 청국장 분말, 초밀란을 타서 한 잔 드십시오. 가족에게 맞는 것을 개발하세요.

저녁마다 상추, 쑥갓, 미나리 등 생채소를 된장에 찍어 먹게 하고, 식후에는 반드시 과일을 드십시오. 무엇보다도 밥을 현미로 바꿔야 변비가 없어집니다.

치질 수술을 한 남편분께서 자꾸 술을 드시면 위험합니다. 술은 간을 나쁘게 하기 전에 장을 먼저 망칩니다. 대장암, 직장암은 통증도 없어 간으로 전이되면 목숨이 위험합니다.

매일 러닝머신을 40분씩 하는 것이 좋습니다. 그것도 안 하는 여성분들이 너무 많습니다. 그렇게 하고 일주일에 두 번은 숲에 가서 한 시간 이상 걷고 달려야 합니다. 인간은 끊임없이 움직여야 생존할 수 있는 존재입니다.

식구들 모두 큰 병이 아닙니다. 독소 제거, 자연식, 운동을 삼위일체로 실행하면 단기간에 가정에 웃음꽃이 필 것입니다.

Q 발기부전에 조루 증세도 있습니다. 비뇨기과 검사라도 받아보아야 하는지 고민하고 있는데 주변 사람을 통해 초밀란 요법을 알게 되었습니다. 물론 약이 아니니 당장 효과를 얻는 것은 어렵겠지만 얼마나 꾸준히 먹어야 하며 어느 정도로 먹어야 효과를 볼 수 있을까요? 그리고 성기능을 강화하는 방법을 알고 싶습니다.

A 피를 맑게 해야 합니다

활력도 미모도 장수도 맑은 피에서 나옵니다. 피를 맑게 하지 않고 고단백질로 보신하면 활력은커녕 암이 찾아옵니다. 암세포는 잉여 영양분을 먹고 살기 때문입니다. 비뇨기과는 갈 필요가 없으며 사람들 사이에서 떠도는 여러 비법도 역효과를 내는 경우가 많습니다.

초밀란에 들어가는 식초, 생강, 솔잎, 벌꿀, 화분, 유정란 등 모든 것이 피를 맑게 하는 활력제이지만, 특히 솔잎은 더욱 좋습니다. 일본의 한 솔잎 요법 단체에 따르면 "송진은 성호르몬의 원료가 되고 성신경을 자극하는 미세한 전류가 있어서 송진을 조금씩 계속 먹으면 정력에 좋다."고 합니다.

초밀란을 하루에 여러 번 드시고 독소 제거, 자연식, 운동을 함께 실행하십시오. 일주일에 한 번 산에 가는 것으로는 턱없이 부족하니 매일 운동하셔야 합니다.

Q 친정어머니께서 작년 1월경에 한의원에서 보약을 지으셨는데, 드신 지 보름 만에 몸에 이상을 느끼시더니 황달이 와서 병원에 입원해 치료를 하셨습니다. 한 달이 지난 후 황달은 조금 없어졌으나 좀처럼 몸이 회복되지 않고 배가 불러와서 다른 대학병원에 갔더니 간경변이 많이 진행된 상태이며 원인은 한약 때문이라더군요. 현재 1년 정도 약물치료를 받고 계십니다.

간에 초밀란이 좋다고 듣긴 했지만 어머니께서 워낙에 한약을 드시고 간이 안 좋아진 터라 초밀란을 먹고 또 나빠지시면 어쩌나 겁이 나서 민간요법을 함부로 따를 수도 없는 상황입니다.

A 간경변증은 단기간에 오지 않습니다

한약을 먹고 보름 만에 간경변증이 왔다는 말은 사실이 아닙니다. 간경변증은 보름 만에 오지 않습니다. 간세포 파괴가 지속적으로 일어난 결과입니다. 안타깝지만 간이 유독물질을 완전 해독하지 못하고, 독소가 혈액을 타고 흘러나오는 간경변을 시원하게 해결해줄 명의가 따로 있는 것은 아닙니다.

필자 또한 자연의학자라 예방 차원의 경험자고 연구가이지, 급한 불을 꺼줄 수 있는 해결사는 아닙니다. 위중한 병은 현대의학으로 치료해야 합니다. 단 무슨 방법으로 치료를 하던 자연식은 해야 치료에 도움이 되는 것입니다.

초밀란은 약이 아니라 음식이며 부작용이 전혀 없습니다. 근본 이치를 모르고 남의 말에 흔들리면 안 됩니다. 식초는 단순한 민간요법이 아니라 노벨상이 입증한 과학적인 식품입니다.

어머니에게 초밀란을 드시게 하십시오. 지금까지 억만금을 주고 구한 약보다 효과가 있을 것입니다. 해독하고 이뇨하는 것은 효소이지 약제가 아니기 때문입니다.

Q 건강보조식품에 미쳐서 과하다 못해 집착까지 하는 편입니다. 비타민C, 비타민E, 셀레늄, 코큐텐, 오메가3, 그리고 알파리포산 등의 항산화제를 먹고 있습니다. 여기에 매일 잎 녹차 다섯 잔, 아침

공복에 생청국장 한 컵을 마시고, 마늘 분말과 환을 양파즙과 같이 하루 세 번 복용하고 있습니다.

이러면 슈퍼맨이 되어 있어야 하지만 그저 평범하게 건강을 유지하고 있을 뿐입니다. 계속 이렇게 여러 가지 식품을 먹어도 괜찮을까요?

A 건강식품보다 자연식과 운동이 건강에 더 도움이 됩니다

만 권의 의서를 한마디로 이야기하면 '아침은 굶고, 점심과 저녁을 제시간에 자연식으로 먹고, 손끝과 발끝까지 피가 통하도록 유산소 운동을 하며, 약은 한 알도 먹지 않는다.'입니다. 이렇게 하면 몸속의 독이 없어지고, 신진대사가 원활해져서 자연히 건강해집니다.

몸속의 독을 없애지 않고 아무리 좋다는 약을 먹어봐야 효과가 없습니다. 건강보조식품은 그만 드시고 밥과 반찬을 제대로 드시면서 운동을 하십시오. 100가지 좋다는 약을 먹기보다 생활습관을 고치는 것이 더 효과적입니다.

Q 저는 B형간염 보균자인데 초밀란을 꾸준히 복용하고 있습니다. 그런데 문제는 병원에서는 간이 손상될 수 있으니 한약이나 민간요법과 관련된 건강식품을 되도록 먹지 말라고 한다는 것입니다. 특히 헛개나무, 상황버섯, 개소주, 녹즙, 인진쑥 같은 것은 절대로 먹지 말라고 합니다. 초밀란도 민간요법인데 어떻게 해야 할까요?

A 식초는 근거 없는 민간요법이 아닙니다

위에 말씀하신 식품이나 사람들이 과장해서 떠드는 건강식품을 먹지 말라는 의사의 말에 동의합니다. 먹어서 오히려 병이 되는 것들이 너무 많습니다. 간 질환이 있는 사람은 간의 해독 기능이 약해진 상태라서 건강식품을 지나치게 복용하면 더 해롭습니다.

그러나 식초는 된장, 김치와 같은 전통 발효음식이고, 초밀란을 만들 때 사용하는 계란은 효소, 비타민, 미네랄의 보고입니다. 이것은 약이나 민간요법이라기보다는 음식을 바로 먹는 것입니다.

간염 수치에 매달려서 울고 웃으면 만성간염을 진정시키지 못합니다. GOT, GPT는 간세포가 죽어서 혈액 속에 내려오는 시체_{효소}의 양입니다. 만성간염 바이러스를 죽일 방법은 아직 없습니다. 당장에 만성간염이 깨끗하게 낫지 않는다고 하니 답변이 미흡하겠지만, 만성간염의 치료는 간세포가 더 이상 파괴되지 않도록 유지하는 것입니다. 조상의 전통 발효음식이 간을 편안하게 합니다.

매일 먹는 음식을 바꿔야 합니다. 그리고 운동습관을 들여야 합니다. 계속 확신 없이 이것저것 먹으면서 흔들리면 간세포는 끊임없이 파괴될 것입니다. 어떤 경우에도, 병원에서 치료를 하는 경우에도 자연식은 해야 하는 것입니다.

Q 인터넷 사이트에서 식초 다이어트를 보고 초란, 초밀란 등을 먹고 있습니다. 워낙 뚱뚱해서 운동이나 다른 방법도 병행해야 할 텐데 좀 더 효과를 보려면 어떤 것을 해야 하는지 궁금합니다.

A 비만도 다른 병과 마찬가지입니다

사실 당뇨나 병이 아닌 혈압은 증세에 불과하기 때문에 병을 치료하는 원리는 손바닥을 뒤집는 것처럼 쉽습니다. 그러나 진리를 모르면 무덤 속에 들어가도 못 고치는 병들입니다. 여기에는 비만도 포함됩니다. 혈관이나 피하에 지방이 쌓이는 것은 효소와 미네랄이 부족한 식사와 운동 부족 때문입니다.

모두가 쌀죽은 시체인 백미밥을 먹고 생긴 증세일 뿐이니, 매일 먹는 밥을 현미로 고치고 독소 제거, 자연식, 운동을 동시에 실행하십시오.

운동은 제대로 해야 합니다. 운동은 골프채를 잡고 어슬렁거리고, 공기가 탁한 시내에서 첨단 운동 기구로 하는 것이 아닙니다. 인간은 자연에 순응하는 겸손함이 있어야 합니다. 먹고, 입고, 자고, 움직이고, 생각하는 모든 가치를 자연에 순응하여 해야 합니다. 산에 오르거나 공기 좋은 길을 걷고 뛰어서 땀을 흘리십시오. 심기일전하시면 100일 안에 새로운 인생이 열립니다.

우선 빨리 걷기부터 시작하시고 초란은 꾸준히 드시기 바랍니다.

Q 잘 아는 여자 후배가 빈혈이 심하다고 합니다. 세모스쿠알렌 회사에서 몇 백만 원어치의 제품을 먹으려고 하는데 너무 비싸 엄두가 나지 않는다고 하네요. 후배는 야윈 편이지만 작년까지도 아마추어 마라톤 선수로 활약했답니다.

A 빈혈은 철분제만 먹는다고 낫는 병이 아닙니다

저 또한 적혈구가 부족해 심한 빈혈을 앓은 적이 있습니다. 한약을 달이고, 사골을 끓이는 등 별별 짓을 다 했으나 적혈구는 늘어나지 않고 대신 위염, 신장염, 대장염, 기관지염, 신경쇠약, 간염, 간경변증 등이 몰려와서 생사의 기로에 처했었습니다.

빈혈은 약을 먹어서 고치는 것이 아닙니다. 더군다나 철분제는 약으로 흡수가 어렵습니다. 몸 전체를 건강하게 해서 위산이 강해져야 철분, 칼슘을 소화시켜 적혈구를 만들 수 있는 것입니다.

우선적으로 밥을 현미 잡곡으로 고쳐야 합니다. 현미 검은콩 밥 한 그릇은 백미 백 그릇의 영양이 있습니다. 그리고 초밀란에 초콩 분말이나 청국장 분말을 타서 마시고 운동해야 합니다.

초밀란에 함유된 화분은 매우 흡수가 잘되는 철분제이고, 간장과 된장, 젓갈에 들어있는 발효된 염분은 위산의 원료입니다. 비싼 철분제보다 훨씬 몸에 좋은 천연 발효식품을 드시면 건강해지실 것입니다.

Q 요로결석이 있는데 혹시 초밀란이 영향을 미칠 수도 있는지요? 결석의 원인이 과다한 칼슘 섭취라고 알고 있는데 초밀란에 칼슘이 많다고 들었습니다. 초밀란을 먹으면 결석이 생길 수도 있는 건 아닌지, 또 결석이 있는데 초밀란을 먹으면 결석이 커지지 않을지 궁금합니다.

A 요로결석은 칼슘 섭취가 부족해서 생깁니다

요로결석의 원인이 과다한 칼슘 섭취라는 말은 지금부터 30년 전에 나온 잘못된 정보입니다. 생각해보십시오. 현대인들은 대부분 칼슘이 부족해서 암과 관절염, 중풍, 당뇨병에 걸리는데 어떤 방법으로 그토록 넘치는 칼슘을 흡수했겠습니까?

칼슘은 운동을 하지 않으면 흡수도 되지 않고 술, 담배, 가공음식을 먹으면 배설됩니다. 요로결석은 입으로 들어가는 칼슘이 부족해서, 뼈에서 칼슘을 뽑아다 혈액 농도를 맞추는 데 쓰고 남은 칼슘 찌꺼기가 신장에 쌓여서 생깁니다.

칼슘이 남아서가 아니라 입으로 들어가는 칼슘이 부족해서 생기는 것입니다. 쓰고 남은 칼슘이 간장에 쌓이면 담석이 되고, 관절에 쌓이면 관절염이 생깁니다.

초밀란은 이뇨 호르몬 원료이기 때문에 당연히 요로결석에 효과가 있습니다. 초밀란을 드시고 물을 많이 마시고 삼위일체 장수법대로 하시면 작은 결석은 잘 나옵니다. 큰 결석은 병원에서 분쇄해야 합니다.

Q 35세 유부녀입니다. 아이를 만들고자 6년째 노력 중인데 아기가 생기지 않습니다. 한 번 유산한 경험이 있고 대장 수술을 두 번 받은 경험이 있습니다. 잘 체하는 편이고 트림을 많이 합니다. 또 다른 부위에 비해 유난히 뱃살이 많은 체형입니다.

그런데 임신하려고 병원에서 주는 배란 촉진제를 먹고부터 몸에 두드러기가 일어나기 시작했습니다. 약간만 날씨가 춥거나 밖에 나갔다가 들어와도 그렇습니다. 힘들어서 촉진제는 끊은 상태이고, 알레르기약만 먹고 있습니다.

남편은 키 182cm에 몸무게가 62kg입니다. 장이 그렇게 튼튼하지는 않은 듯합니다. 술을 많이 마시는 편이나 건강에는 큰 이상이 없습니다. 그리고 기가 약해서인지 스트레스 때문인지 가끔 식은땀을 흘리고 만성피로에 빠져 있습니다.

남편의 정자 활동량은 썩 좋은 편이 아닙니다. 기형 정자가 많고요. 저는 자궁벽이 약하고 배란이 잘 안 된다고 합니다. 병원에서는 인공수정을 권하는데 어떻게 해야 될지 잘 모르겠습니다.

남편은 약 종류를 싫어하는 편이라 초란이나 초밀란이라도 먹이려고 합니다. 둘 중에 어느 것이 나을까요? 그리고 술 먹은 다음 날 먹여도 되나요?

A 몸을 건강하게 하는 것이 우선입니다

자연의학적으로 말하면 두 분은 효소가 원활하게 활동할 수 없는 체액이 된 상태, 즉 면역체계가 약화되어 생기가 부족합니다. 아기를 기다리시지만, 면역체계가 약해진 상태에서 아기를 가지면 모체가 상하고 건강하지 못한 아기를 출산하여 지금보다 천배 만배 힘들 것입니다.

멀쩡한 부부도 정밀검사하면 다 문제 있다고 나옵니다. 필자도 눈에 눈물이 자꾸 나와서 대학병원에서 정밀검사를 받았더니, 시신경에 피가 맺혀 있다고 암 병동에 가서 다시 혈액검사 받으라는 소리를 들었습니다. 하지만 저는 의뢰서를 찢어 버렸습니다. 이후 조카가 운영하는 안과에 가서, 막힌 눈물길에 작은 호스를 꼽는 수술도 아닌 처치로 말끔하게 해결되었습니다.

햇볕 아래 옷을 털면 누구나 먼지가 다 나옵니다. 기형정자니 자궁벽이 약하니 그런 진단에 너무 신경 쓰지 마세요. 몸이 건강해지면 다 없어지는 증세일 뿐이고, 알아서 오히려 병 되는 것입니다.

배란 촉진제 같은 것은 먹지 말고 좀 기다리세요. 모든 일에는 순리가 있습니다. 잊고 기다려서 건강한 자식을 얻은 경우가 많습니다. 이것저것 자꾸 찾지 말고 점심, 저녁을 제시간에 현미 잡곡밥으로 드십시오. 현미를 포함하지 않는 자연식은 모래 위에 집을 짓는 것과 같습니다. 때가 되었는데도 배가 고프지 않다면 생활습관에 중대한 결함이 있을 겁니다. 35세면 아직 시간 많습니다. 기다리세요. 아이 가지려고 안달하지 말고 건강해지려고 노력하십시오. 부부가 건강해지면 저절로 해결되는 문제입니다.

신랑이 키에 비해 체중이 적습니다. 술을 줄이시고 음주 후에 초밀란을 드시면 크게 도움이 됩니다. 부부가 같이 초밀란을 드십시오.

꿀은 옻꿀이 최고입니다. 특히 찬 체질에 좋습니다. 다시 한 번 말씀드립니다. 다른 방법을 찾거나 이것저것 먹지 말고 독소 제거, 자연식, 운동으로 이뤄진 삼위일체 건강법을 시작하십시오.

Q 68세의 사업가입니다. 사업상 스트레스를 너무 많이 받고 음주도 잦은 편이었습니다. 그런데 어느 날 교차로를 건너다 갑자기 머리가 전기에 감전된 것과 같은 충격이 오더니 쓰러져 버렸습니다. 행인들이 저를 부축하여 인도까지 옮겨줬습니다. 이후 병원에서 심방세동 부정맥이라는 진단을 받았습니다.

병원에서 처방하는 고혈압약, 혈전제약, 부정맥약을 먹고 있습니다만, 가슴이 두근거리고 숨이 차고 어지러워서 걷기도 어렵고, 운전하다가 갑자기 기절할까 봐 생명의 위협을 느끼고 있습니다.

용하다고 찾아간 심, 뇌혈관 질환을 담당하는 의사 선생님은 너무 바빠서, 혈압 재고 심전도 검사하고 약 주는 것 외에는 한마디도 상담할 수가 없습니다. 두 달 만에 한 번씩 가는데도 환자들이 밀려서 시장통 같습니다. 제 심장이 예전으로 돌아올까요? 부디 선생님의 가르침을 부탁드립니다.

A 심방세동 부정맥으로 국민들이 죽어가고 있습니다

심방세동 부정맥이 급증하고 있어 길가에서, 버스 안에서 심정지 된 사람을 심폐 소생술로 살렸다는 보도가 수시로 보도되고 있는 실정입니다. 하지만 국민들의 93%는 아직 심방세동이 무슨 병인지도 모르고 있다는 통계가 나왔습니다.

심장은 전기입니다. 전기신호로 맥박이 뛰는 것입니다. 자동차에 비교하면 휘발유와 산소가 알맞게 배합되어 있는 실린더에, 플러그가 전기 불꽃을 튕겨서 연료가 폭발하여 피스톤이 움직이고 바퀴가 도는 것과 같은 이치입니다.

심방세동 부정맥은 플러그가 정확하게 불꽃을 튕기지 않고 불규칙하게 점화시킴으로써, 심장이 빨리 뛰었다 빈맥 천천히 뛰었다 서맥 잠시 멈췄다 하는 병입니다.

부정맥으로 인해 나타나는 질환 중 가장 위중한 것이 심방세동 心房細動입니다. 심방세동은 심방의 여기저기서 매우 빠르고 불규칙한 맥박이 불꽃놀이처럼 발생하는 것으로 뇌졸중과 심부전의 원인이 됩니다. 심방세동이 있는 환자의 중풍 위험도는 심질환이 없는 일반 정상인에 비하여 4~5배가량 높습니다.

협심증은 심장에 혈액을 공급하는 혈관인 관상 동맥이 장기간 잘못된 생활습관으로 굳고 좁아져서, 심장으로 흘러 들어가는 혈액의 양이 적어져서 생기는 질환입니다. 다만 심방세동은 별 증세가 없다가 자율신경 실조로 인하여 순식간에 올 수 있습니다. 가장 큰 원인이 스트레스와 과음입니다.

그 외 유전적, 선천적 요인이 있을 수도 있고 카페인 과다섭취와 흡연에 의해서도 심장 질환이 생길 수 있습니다. 이와 함께 고혈압이 부정맥 증세를 만들어 내어 다른 심장질환이 일어나기도 합니다. 일각에서는 갑상선 기능항진증을 부정맥과 연결 짓기도 합니다. 카페인이 많이 함유된 커피나 청량음료 등은 당장 중단하십시오.

어떤 이유에서건 부정맥은 심각한 상황을 초래할 수 있습니다. 심장이 느리게 뛰면 혈액공급이 잘 안 돼 어지럼증을 유발하고 경우에 따라선 실신하는 일도 생깁니다. 또 심장에 혈액이 오래 고여 있게 되면서 피가 굳어져서 핏덩어리가 혈관을 막아 뇌졸중을 일으킬 수 있습니다.

심장이 빨리 뛰는 것도 좋지 않습니다. 과다한 수축과 확장으로 인해 심장이 피로해지며, 호흡곤란과 가슴 통증이 생깁니다. 부정맥이 악성일 경우 순간적으로 심장 기능이 완전히 마비돼 곧바로 사망할 수도 있습니다.

우리의 심장은 매분 60~100번을 뜁니다. 심장이 한 번 뛸 때마다 신경은 전기신호를 발생시켜야 하지요. 포유동물의 심장은 '동방결절洞房結節'이라는 우심방 위쪽의 특수한 신경세포에서 전기자극을 받아 수축하게 됩니다. 즉 동방결절에서 발생하는 전기신호가 심장박동의 리듬을 결정합니다.

심장의 모든 세포들이 심장 수축을 일으키는 전기자극을 만들어 내는 능력을 갖고 있으나, 동방결절은 다른 부위의 세포들보다 조금 빨리 자극을 생성함으로써, 심장 전체의 전기적 신호를 주도하는 역할을 하게 됩니다.

심장을 움직이는 것은 대뇌가 아니라 자율신경이 일으키는 전기신호란

걸 명심하셔야 합니다. 따라서 오래 살고자 하면 자율신경이 잘 휴식하고 원활히 활동할 수 있는 생활환경을 조성해야 합니다.

심방세동 부정맥은 각종 염증과 어깨결림, 관절염 등과는 차원이 다른 중병입니다. 당장에 생명이 위협받고 있는 상태이지요. 치유도 어렵고 치유기간도 2~3년 걸립니다. 이렇게 위험한 질병이 느닷없이 온다는 것은 삶을 사는 것이 살얼음판 위를 걷는 위험천만한 일이라는 걸 느끼게 합니다.

동방결절이 원만하게 작동하여 안전한 전기신호를 일으키기 위해서는, 스트레스로 인한 정신적인 문제가 해결됨과 더불어, 나트륨과 칼륨, 칼슘, 마그네슘이 적절하게 공급되어야 합니다. 나트륨은 혈압을 올리고 칼륨은 혈압을 내리고 마그네슘은 위의 기능을 신경에 전달합니다.

나트륨과 칼륨, 마그네슘의 균형이 필요한데, 한국의 서해안에서 생산되는 천일염이 나트륨과 칼륨의 배합이 적절하기 때문에 단연 세계 최고의 소금입니다. 간장, 된장, 젓갈로 짭짤하게 먹으면 될 일입니다.

마그네슘은 신경 및 근육 세포의 흥분과 자극전달을 조절하여 근육의 수축과 이완을 결정적으로 조절합니다. 특히 마그네슘은 자율신경 실조증과 심방세동 환자들에겐 생명수처럼 중요합니다.

전문가들에 의해 마그네슘이 '천연의 진정제'로 불리는 것도, 마그네슘이 심장 전기에 관여하기 때문입니다. 이렇게 중요한 마그네슘이 다슬기에 듬뿍 함유되어 있습니다.

당장 아욱, 파, 마늘, 부추, 들깨를 듬뿍 넣고 다슬기 탕을 끓여서,

500ml 정도씩 작은 팩에 담아 냉동실에 보관하고 매끼 드십시오. 그리고 식이유황 식품인 파, 마늘, 양파, 생강, 강황, 부추, 삼채를 옻꿀에 절여서, 다슬기식초를 타서 드십시오.

그리고 삼위일체 장수법을 실천하십시오. 공기를 바꾸고, 물을 바꾸고, 독소를 제거하고, 자연식을 먹고, 운동을 하셔야 합니다. 이 원칙에 한 치도 어긋남이 있어서는 안 됩니다. 굶을 줄 알고 소식해서, 위장이든 간장이든 심장이든 부담을 주지 않고 쉴 땐 쉬게 하셔야 합니다.

사람들은 현기증으로 쓰러지고 계단을 오르지 못하고 심장의 압통을 느끼면 병원을 찾습니다. 하지만 병명을 알고 처방을 받으면 그걸로 안심하고 다시 살던대로 삽니다. 약만 열심히 복용하면 병이 나을 것으로 믿지요.

하지만 그런다고 해서 병이 낫는 것은 아닙니다. 약은 병의 증세만을 없앨 뿐입니다. 정확하게 말하자면 근본적인 치료가 아닌 표면적인 증상을 관리하는 것일 뿐입니다. 증세를 관리해 주는 것을 환자는 치유로 오해하고 있습니다.

약으로 증상을 완화한 뒤, 허약해진 환자가 본인의 잘못된 생활습관을 고쳐서 자연치유력을 향상시킬 때 병은 낫게 됩니다. 치유의 과정은 몸 스스로가 하는 것이지 약이 해주는 것이 아닙니다.

소금과 발효식품

현대의학에서는 온통 소금이 나쁘다고 줄여 먹으라고 야단이지만 소금이 없다면 인간은 생명을 유지할 수가 없다. 우리들의 몸은 염류대사(鹽類代謝)가 정상으로 진행하여 비로소 생명활동이 유지되게끔 만들어져 있기 때문에 싱겁게 먹는 것은 대재앙이다.

최고의 염분은 소금 그 자체로 먹는 것이 아니라 간장, 된장, 젓갈, 김치 등으로 발효시켜 먹는 것이다. 이들 식품에서 소금은 콩이나 효모와 함께 숙성되어 간수성분은 기화(氣化)하여 무해물질화 되고, 체세포에 대한 작용도 온화한 것이 된다.

다만 소금에 이와 같은 변화가 일어나는 데는 어느 정도의 기간이 필요하므로 공장에서 속성 양조된 간장, 된장은 부적당하다. 1년 이상 숙성시킨 된장이나 고추장이 좋고 김치 등도 될 수 있는 대로 장기간 발효시킨 것이 좋다.

■참고도서 ──────────────────────────────────

고다미쓰오, 『장, 비워야 오래 산다』, 이지북(2005).

고바야시 히로유키, 『이것만 의식하면 건강해진다』, 청림life(2014).

곤도 마코토, 『암과 싸우지 마라』, 한송(1996).

곤도 마코토, 『의사에게 살해당하지 않는 47가지 방법』, 더난출판(2013).

곽재욱, 『식용유를 먹지 않아야 할 10가지 이유』, 명상(2001).

구도 치아키, 『신경 청소 혁명』, 비타북스(2017).

기준성, 『자연식 100세 건강』, 태웅출판사(1990).

기준성·모리시타 게이이치, 『암 두렵지 않다』, 중앙생활사(2006).

기준성·아보 도오루·후나세 스케, 『암은 낫는다 암은 고칠 수 있다』, 중앙생활
사(2008).

김동현, 『유산균이 내 몸을 살린다』, (주)한언(2007).

김성환, 『왜 당신은 동물이 아닌 인간과 연애를 하는가』, 연암서가(2014).

김일훈, 『신약본초』, 도서출판광제원(1992).

김한복, 『청국장 다이어트&건강법』, Human&Books(2003).

나구모 요시노리, 『1일1식』, 위즈덤스타일(2012).

나카무라 진이치, 『편안한 죽음을 맞으려면 의사를 멀리하라』, 위즈덤스타일
(2012).

니시하라 가츠나리, 『면역력을 높이는 생활』, 전나무숲(2008).

니와 유키에, 『난치병을 완치하는 대체의학』, 지성문화사(2004).

니와 유키에, 『약만으로는 병을 고칠 수 없다』, 지식산업사(1997).

다치카와 미치오, 『남자의 건강법』, 사과나무(2000).

류인수, 『한국 전통주 교과서』, 교문사(2017).

류창열, 『심뽀를 고쳐야 병이 낫지』, 국일미디어(2002).

마쓰다 야스히데, 『면역력을 높이는 장 건강법』, 조선일보사(2005).

마쓰이 지로, 『아침밥 절대로 먹지마라』, 펜하우스(2007).

마위에링, 『체온이 생로병사를 결정한다』, 삼호미디어(2009).

모리시다 게이이찌, 『만성병도 퇴치하는 자연식』, 가리내(1989).

모리시다 게이이찌, 『식사혁명과 자연식 문답』, 가리내(1988).

모리시다 게이이찌, 『암도 낫게 하는 자연식』, 시골문화사(1987).

모리시다 게이이찌, 『자연식 건강법』, 국민건강관리연구회(1986).

모리시다 게이이찌, 『자연의학의 기초』, 태웅출판사(2003).

미즈노 남보쿠, 『식탐을 버리고 성공을 가져라』, 바람(2006).

박찬영, 『양념은 약이다』, 국일미디어(2010).

베르나르 올리비에, 『나는 걷는다』, 효행출판(2003).

사이토 마사시, 『체온 1도가 내 몸을 살린다』, 나라원(2010).

사토나카 리쇼, 『남자는 돈이 90%』, 상상의 날개(2018).

신야 히로미, 『병 안 걸리고 사는 법』, 이아소(2006).

아베 히로유키, 『독소가 내 몸을 망친다』, 동도원(2012).

아보 도오루, 『약을 끊어야 병이 낫는다』, 부광(2004).

안현필, 『공해시대 건강법』, 서필사(1990).

안현필, 『불멸의 건강진리』, 서필사(1989).

안현필, 『삼위일체 장수법』, 한국일보사(1994).

안현필, 『천하를 잃어도 건강만 있으면』, 길터(1991).

앤드루 카네기, 『성공한 CEO에서 위대한 인간으로』, 21세기북스(2005).

앤드류 와일, 『자연 치유』, 정신세계사(1996).

오사나이 히로시, 『소식 이식 장수비법』, 태웅출판사(2003).

오사와 히로시, 『가공식품, 내 아이를 난폭하게 만드는 무서운 재앙』, 국일미디어
(2005).

오카다 다카시, 『나는 상처를 가진 채 어른이 되었다』, 프런티어(2014).

오카다 이코, 『건강에 기초가 되는 혈액 건강법』, 글사랑(1995).

와타나베 쇼, 『아침 식사는 해롭다』, 신한미디어(2001).

우타가와 쿠미코, 『약이 병이 된다』, 문예춘추사(2014).

윌리엄 리, 『먹어서 병을 이기는 법』, 흐름출판(2020).

윌리엄 더프티, 『슈거 블루스』, 북라인(2006).

유병팔, 『125세까지 걱정 말고 살아라』, 에디터(1997).

유승원, 『쑥 건강 치료법』, 북피아(1998).

유태종, 『식품 동의보감』, 아카데미북(1999).

유태종, 『신비의 솔잎 치료법』, 국일미디어(1994).

윤태호, 『암 산소에 답이 있다』, 행복나무(2012).

이경원, 『우리집 주치의 자연의학』, 동아일보사(2010).

이석준, 『전통주 집에서 쉽게 만들기』, 미래문화사(2012).

이송미, 『약이 병을 만든다』, 소담출판사(2007).

이시하라 유미, 『암은 혈액으로 치료한다』, 양문(2003).

이왕림, 『내장비만』, 랜덤하우스코리아(2004).

이종수, 『간 다스리는 법』, 동아일보사(2002).

일요신문 편저, 『기적을 일으키는 자연요법』, 일요신문사(1998).

정혜경, 『발효 음식 인문학』, 헬스레터(2021).

클로드 브리스톨, 『신념의 마력』, 비즈니스북스(2000).

폴씨 브래그, 『중추신경 자율신경 강화법』, 건강신문사(2020).

피터 싱어·짐 메이슨, 『죽음의 밥상』, 산책자(2006).

허현회, 『병원에 가지 말아야 할 81가지 이유』, 맛있는책(2012).

현대 건강연구회, 『자율신경 실조증 치료법』, 태을출판사(2018).

호리에 아카요시, 『혈류가 젊음과 수명을 결정한다』, 비타북스(2017).

황성수, 『곰탕이 건강을 말아 먹는다』, 동도원(2006).

황성수, 『현미밥 채식』, 페가수스(2009).

후나세 슌스케, 『항암제로 살해당하다』, 중앙생활사(2006).

후쿠오카 마사노부, 『생명의 농업과 대자연의 도』, 정신세계사(1998).

천연식초로 100년 살기

노벨상 3회 수상이 입증하는 장수의 비결 식초

초판 1쇄 발행   2022년 11월 25일
초판 2쇄 발행   2023년 9월 1일

지은이   구관모
펴낸이   이종문(李從聞)
펴낸곳   국일미디어
등   록   제406-2005-000025호
주   소   경기도 파주시 광인사길 121 파주출판문화정보산업단지(문발동)

영업부   Tel 031)955-6050 | Fax 031)955-6051
편집부   Tel 031)955-6070 | Fax 031)955-6071
평생전화번호   0502-237-9101~3

홈페이지   www.ekugil.com
블 로 그   blog.naver.com/kugilmedia
페이스북   www.facebook.com/kugilmedia
E - mail   kugil@ekugil.com

ISBN   978-89-7425-869-6 (13590)